普通高等教育园林景观类
"十三五"规划教材

YUANLIN SHEJI CHUBU

园林设计初步

主　编　熊瑞萍　杨　霞

副主编　彭　谌　李东徽　吴　亮

　　　　陈新建　尤洋阳

中国水利水电出版社
www.waterpub.com.cn
·北京·

内 容 提 要

本教材内容包括 7 部分，分为绪论，平面、立体与空间，形式美法则，园林要素，设计方法入门，制图与效果图表达，作品与实践。各章内容循序渐进，内容充实全面，适合初学者。全书脉络清晰，学生通过对本教材的学习，可以掌握园林设计的基本原则和方法，对各设计要素有充分的理解和认识，能对不同类型的园林整体关系进行分析和研究，并能独立做出合理的设计方案。

本教材可供高职高专园林技术、园林工程技术、园林设计、景观设计、环境艺术设计、城市规划等专业作为教学用教材；也可供相关行业从业人员阅读参考。本教材配套有电子课件，可在 http://www.waterpub.com.cn/softdown 免费下载。

图书在版编目（CIP）数据

园林设计初步 / 熊瑞萍，杨霞主编. -- 北京 ： 中国水利水电出版社，2017.7（2025.1重印）.
普通高等教育园林景观类"十三五"规划教材
ISBN 978-7-5170-5620-1

Ⅰ．①园… Ⅱ．①熊… ②杨… Ⅲ．①园林设计－高等学校－教材 Ⅳ．①TU986.2

中国版本图书馆CIP数据核字 (2017) 第168022号

书 名	普通高等教育园林景观类"十三五"规划教材
	园林设计初步
	YUANLIN SHEJI CHUBU
作 者	主 编 熊瑞萍 杨 霞
	副主编 彭 谌 李东徽 吴 亮 陈新建 尤洋阳
出版发行	中国水利水电出版社
	（北京市海淀区玉渊潭南路 1 号 D 座 100038）
	网址：www.waterpub.com.cn
	E-mail：sales@mwr.gov.cn
	电话：（010）68545888（营销中心）
经 售	北京科水图书销售有限公司
	电话：（010）68545874、63202643
	全国各地新华书店和相关出版物销售网点
排 版	中国水利水电出版社微机排版中心
印 刷	天津嘉恒印务有限公司
规 格	210mm×285mm 16 开本 10.5 印张 310 千字
版 次	2017 年 7 月第 1 版 2025 年 1 月第 3 次印刷
印 数	5001—7000 册
定 价	**59.00 元**

前言
Preface

园林设计不仅仅是美化，更是技术与艺术相结合的学科，因此，学习过程中也应注重艺术和科学技术知识的结合，在强调创意性的设计思维的同时培养理性的研究和分析能力；本教材以培养学生的设计思维能力为主线，引导学生进行广视角、多方位的思考，寻找并尝试解决问题的各种方法。因此，本教材在强调创意性的设计思维的同时培养学生理性的研究和分析能力，培养良好的设计表达能力，使得设计思维得以直观表现。

本教材力图培养园林设计思维能力、研究分析能力和设计表达能力；让学生们了解园林设计的范围、特征和构成内容；了解园林设计所涉及的专业知识、设计方法与表达手段；科学认识和归纳繁杂丰富的园林现象，理解把握园林设计基础理论知识并会运用到实践中。通过学习，掌握园林设计的基本原则和方法，对设计要素有充分的理解和认识，能对不同类型的园林进行分析和研究，并能独立做出合理的小场地设计方案。

本教材由熊瑞萍、杨霞主编并负责统稿工作，具体编写分工如下：绪论部分和第4章设计方法入门由熊瑞萍编写；第1章平面、立体与空间由李东徽、吴亮、陈新建编写；第2章形式美法则由尤洋阳编写；第3章园林要素和第5章制图与效果图表达由彭谌编写；第6章作品与实践和附录由杨霞编写。感谢黄秋霞老师在本教材编写过程中给予的帮助。

本教材的编排，在传统课程结构的基础上，加强案例教学的比重，引入了T·贝尔托斯基所著的《园林设计初步》中对小庭院设计的讲解。用小尺度的案例解析初步设计方案的整个思考过程。运用启发式教学，注重学习过程的评价，对读者具有引导、激励和控制作用，并激发学习的积极性和自觉性，希望能对初学者有所帮助。

本教材适合高等院校园林、风景园林、环境设计及相关专业师生或相关从业人员使用。在编写过程中参考了部分文献资料，谨向其作者表示感谢。同时，恳切希望广大读者提出意见和建议，以便修订时加以完善提高。

编者
2016 年 7 月

目 录
Contents

绪　　论

0.1　景观、园林的概念、缘起和变迁及学科动向

0.1.1　景观

景观（Landscape）是指土地及土地上的空间和物质所构成的综合体。它是复杂的自然过程和人类活动在大地上的烙印。在百度中可以查到这样的解释，"景观设计（风景园林规划设计）与规划、生态、地理等多种学科交叉融合，在不同的学科中具有不同的意义；景观规划设计（风景园林规划设计）主要服务于：城市景观设计（城市广场、商业街、办公环境等）、居住区景观设计、城市公园规划与设计、滨水绿地规划设计、旅游度假区与风景区规划设计等"。

景观规划设计（Landscape Architecture，LA），专业教育始于哈佛大学，至今已有近百年的历史。从 1860 年至 1900 年，美国 LA 之父 Frederick Law Olmsted 等便在城市公园绿地、广场、校园、居住区及自然保护地的规划与设计中奠定了 LA 学科的基础。1900 年，Olmsted 之子 F. L. Olmsted. Jr 和 A. A. Sharcliff 首次在哈佛开设了全国第一门 LA 专业课程，并在全国首创了四年制 LA 专业学士学位（Bachelor of Science Degree in Landscape Architecture）。此后，便与建筑学理学学位教育（始于 1895 年）并行发展。1908—1909 年开始，哈佛已有了系统的 LA 研究生教育体系，并在应用科学研究生院中设硕士学位，即 MLA（Master in Landscape Architecture）。1909 年，James Sturgis Pray 教授开始在 LA 课程体系中加入规划课程，逐渐从 LA 中派生出城市规划专业方向。

在哈佛，LA 被作为一个非常广的专业领域来对待，从花园和其他小尺度的工程到大地的生态规划，包括流域规划和管理。景观规划设计师应兼有工程技术和设计学的创造能力，同时必须具有对生态环境和社会的责任心。由于人类活动的不断增强，城市的不断扩展，景观规划设计师的任务不仅是设计和创造新的景观，同时在于景观保护和拯救。为此，他们往往是造就多种文化和生态背景下的人居环境之不可替代的专家。

目前，中国景观规划设计尚处于起步阶段。目前追求的是鲜明的个性形象、良好的绿化环境、足够的活动场地，这是中国景观规划设计初级阶段的要求。

0.1.2　园林

在中国历史上，很早就有如园、囿、苑、圃、庭、院、林园、林圃、林泉、园池、花园等称谓。唐宋以后，园林泛指各种游憩境域，是传统中国文化中的一种艺术形式，通过地形、山水、建筑群、花木等作为载体衬托出人类主体的精神文化。当今说到园林，自然就会想到中国古典园林，从理念的最深处，人们已经对园林形成一个相对狭义的理解。

百度里可以查到这样的定义，"在一定的地域运用工程技术和艺术手段，通过改造地形（或进一步筑山、叠石、理水）、种植树木花草、营造建筑和布置园路等途径创作而成的美的自然环境和游憩境域，就称为园林"。以上关于园林的定义，反映了最普遍大众对园林的理解，也反映了传统园林教育理念的局限性：着重于造园造景、诗情画意，但缺乏了景观的系统化、整体化的思维观。

关于园林一词，在专业学科上也经历了长时间的争论与探讨。1951 年，在汪菊渊和吴良镛两位前辈的努力下，在北京农业大学园艺系和清华大学建筑系合作开办了新中国第一个园林性质的专业，定名为"造园组"；1956 年，教育部正式将造园组更名为"城市及居民区绿化专业"，并专属于北京林学院，从此园林的"绿化"概念深入人心；1963—1965 年，改名为"园林系"，社会上称此专业为"园林绿化"；1978 年，命名为"城市园林系"，形成了园林是园艺与森林的合称，无视建筑学科的交叉作用。直至今天，一些传统的院校，依然是园林园艺一体化的格局；1979 年，同济大学成立本科"园林绿化"专业，1985 年改名为"风景园林"专业。1980—1993 年，北林园林发展了"园林设计"和"园林植物"两个方向。1981 年正式建立了"风景园林规划与设计"专业硕士点，并于 1993 年建立博士点。标志着与国际上的 LA 专业对应接轨。1996 年，全国自然科学名词审定委员会公布《建筑、园林、城市规划名词》，有专家认为"园林学"一词应以"景观学"代替，但考虑到园林学的概念已经不断扩大，仍然采用"园林学"。1997 年，国务院学科指导委员会决定：取消综合性的风景园林学科。1999 年，国家调整专业目录，园林统一在农林学科下，取消了建筑院校的风景园林规划与设计学科，把它归为城市规划与设计学科中的一个研究方向。

把"园林"专业根深蒂固于农林院校，在城市化进程迅猛发展的时代背景下，忽视与相关专业城市规划、建筑学学科的交叉作用，使得园林的发展与城市建设发展脱节。从教育理念上，使得园林禁锢在自身的农林领域，难以发挥自身专业学科的特点（图 0.1）。

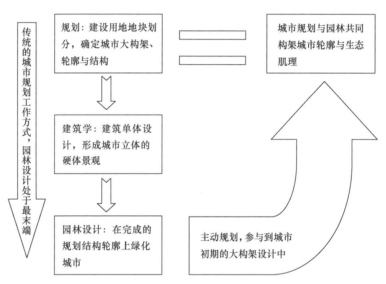

图 0.1 园林设计的滞后性

从城市建设的工作时序上来看，"园林规划设计"或"景观规划设计"是位于城市规划之后的"后续的""次级的"规划。城市规划是一个城市建设用地的规划，城市的绿地系统和生态环境保护规划事实上是被动的点缀，这使得园林从总体构架上无法形成一个有机连续的系统，使得之后的园林设计都是支离破碎的，或者说是局部的，缺乏区域之间的整体连续性；城市的规模和建设用地的功能可以是在不断变化的，而由景观中的河流水系、绿地走廊、林地、湿地所构成的景观生态基础设施则永远为城市所必须，是恒常不变的。因此，面对变革时代的城市扩张，园林设计需从被动的、后续的工作时序中往前移，主动的优先规划。在城市建设用地规划之前确定，或优先于城市建设规划设计。

未来的景观师，应该处于与规划师同样的工作时序中，决定城市最初的构架，以保证在规划的前期，就能够在区域尺度上首先规划和完善非建设用地，设计城市生态基础设施，形成高效的能够维护城市居民生态服务质量、维护土地生态过程的安全的生态景观格局。

0.2 学科发展及课程体系设置

园林行业的持续发展带动了相关教育的高速增长。自 1993 年以来，开设园林学科本科专业的普通高校年平均增长速率约为 13.9%，2000—2006 年园林学科的本科专业点数量年平均增长率约为 18.7%，远远超过同类专业；2006 年招收园林学科的普通高校、独立学院和研究院共 449 个单位，开设高职高专专业点 439 个、本科专业点 140 个、专业硕士点 25 个、科学硕士点 50 个、科学博士点 20 个；2007 年秋季后，发展到 62 个院校（研究院）的 70 个科学硕士点和 28 个院校（研究院）的 32 个科学博士点。

从人才培养的角度看，目前我国园林领域的博士、硕士学位研究生的培养分布在 3 个学科门类进行。

（1）工学门类，建筑学一级学科，城市规划与设计（含风景园林规划与设计）二级学科，8 个博士单位、26 个硕士单位。

（2）农学门类，林学一级学科，园林植物与观赏园艺二级学科，5 个博士单位、23 个硕士单位。

（3）文学门类，艺术学一级学科，设计艺术学二级学科，5 个博士单位、75 个硕士单位。

综合比较各类学科背景的园林专业课程体系，主要包括以下几个方面。

（1）规划设计类课程：园林规划设计、设计初步、区域与城市规划设计、建筑设计初步等。

（2）植物相关课程：园林树木学、园林花卉学、植物病理学、盆景学等。

（3）生态与环境课程：景观生态学、基础生态学、城市生态学等。

（4）人文与美学课程：旅游学、游憩地理学、环境行为心理学 、园林美学、绘画等。

（5）相关工程技术学科：园林工程、计算机制图、3D 技术等。

不同院校根据各自的条件和对园林专业的理解，课程体系各异，培养目标各不相同。如工科院校侧重于建筑、城市规划和园林工程；林学院侧重于园林绿化；农业院校则往往照搬林学院的做法。综合性院校则侧重于区域规划或是在景观地理学上深化和延伸。艺术院校则侧重园林美学方面的研究。旅游方向的学院主要注重游费学和环境行为心理学方面的研究。

0.3 设计初步教学体系的特点

"园林设计初步"是对园林设计基本技能与表现技法进行初级训练的基础性学科，是园林专业的必修专业基础课。学习本门课程的主要目的是使学生明确设计初步在园林设计中的重要性和必要性，为专业课的学习打下一个良好的基础。该课程教学任务主要是使学生系统地掌握园林制图基本知识、园林素材表现、园林综合图表现，在此基础上能简单地进行方案设计。

设计初步是园林学科重要的基础课程，以我国首创园林专业的北京农业大学为例，在 1951 年至 1956 年学科建立和初始阶段，创新性的融合及艺术的渗透力就已受到重视，设计初步课程以《画法几何》《制图》《设计初步》为主，主要由清华大学的教师到北京农业大学开课。20 世纪 60 年代，设计初步课程与美术系列课程一起列为专业基础教研组，更加注重学生的艺术修养，通过艺术课程把学生们带到抽象的形象思维领域。1979—1993 年学科的恢复及不断完善发展期，设计初步课程的教学计划和课程设置，逐渐从其他学科变成园林系本科特有基础课程，当时设计初步教学内容及教材大都以建筑学院教材为蓝本，结合园林专业土方工程、植物种植、给排水工程等园林工程特点，形成本学科特色的教学内容。这一时期设计初步课程融入艺术类学院基础课程中的平面构成等，重视空间艺术的理解及材质的表现，重视设计表现和色彩在园林专业中的作用及影响。1993—2007年，设计初步系列课程作为专业基础重要的组成部分，不断发展并走向成熟，当时设计初步主要分为两大块：《画法几何》《阴影透视》与《设计初步》，教学结构融入形态构成的基础知识，也就是包豪斯教学体系中的平面构成、立体构成、色彩构成三大构成，同时加强制图基础和对待图纸的态度，对制图规范要求非常严格。这一时期的设计初步教学从专业设计的基础角度出发，强调空间表达的基本功及主动了解材质的性能，同时设计一套独特的作业体系，来训练学生的制图表现力、形式设计逻辑、色彩情感渲染及审美的基本技能等。2005年从清华大学美术学院引进艺术设计学背景的教师，希望通过艺术的导入，使学生在艺术及设计逻辑上有初步的认识，从而形成了较为完善的教学框架及组织结构，这个时期的设计初步教学已形成了一定的规模和秩序。2007年至今，随着学科的进一步发展，设计初步教学体系得到了空前的发展，主要分为三大块：制图基础、造型基础及设计表现技法。

  本书的编排，在传统园林设计初步结构的基础上，引入了T·贝尔托斯基所著的《园林设计初步》对小庭院设计的讲解。用小尺度的案例解析初步设计方案的整个思考过程，希望能对初学者有所帮助。

第1章 平面、立体与空间

中国古典园林随处可见画理造园，其意境总是神秘地只可意会不可言传，直到俄罗斯画家康定斯基为了解释抽象艺术的科学性和合理性，对每一种绘画元素进行"显微镜"式分析后著《点、线、面》《形式问题》，造型美才逐渐可以以科学的形式得以传承。构成即为造型，是一种造型概念，也是现代造型设计的用语，含义就是将不同形态的几个单元（包括不同的材料）重新组合成为一个新的单元，并赋予视觉化的、力学的观念。构成是以人的视觉为出发点，在遵循视觉法则（visual law）的基础上，从点、线、面、体、空间等基本要素入手，实现形的生成，强调构成抽象性的同时，对不同形态表现给予美学和心理上的解释，如量感、动感、层次感、方向、场力……这些也都是园林设计中进行形式美探讨时经常涉及的问题。因此，构成不仅是绘画的基础也是设计的基础，系统化的学习，有利于学生对园林构成要素造型认识的深化和能力提高，是构成更具有在园林规划设计中应用的高层价值。

1.1 平面构成

1.1.1 平面构成的概念与要素

平面构成是将既有的形态（包括具象形态和抽象形态的点、线、面）在二维的平面内，根据基本造型规律——形式美的法则和视觉规律，按照一定的秩序进行分解、组合，从而创造出全新的形态及理想的组合方式，是逻辑思维与形象思维相结合的创作活动。平面构成要素包括形态要素和造型要素（表1.1），构成中的"细胞"是基本形，基本形可以是具象的地形、水体、建筑、植物等，也可以是抽象的各种点、线、面，如设计方案中的景观节点、植物种植点、路线、游览线、各类分区等中的点、线、面均是园林专业在平面构成中要重点把握的造型要素。

表1.1　　　　　　　　　　　　　　　　平面构成要素解析

平面构成要素	造型要素	点	具有空间位置的视觉单位；轮廓清晰、富有内涵；数量不限；点的基本构成方式有等点图形、差点图形、网点图形等（图1.1）
		线	点连续运动的轨迹或点间连接；不同线形表达情感不同；线的基本构成方式有等线图形、差线图形、屏线图形等（图1.2～图1.5）
		面	线的密集表达，有充实感；面的构成方式有直线形的面、曲线形的面、自由曲线形的面和偶然形的面（图1.6）
	形态要素	骨格	其功能将基本形在空间或框架内作各种不同的编排，使形象有秩序地排列，构成不同的形态和气氛（图1.7）
		具象形	自然形态、人工形态，如花鸟、汽车、建筑、植物等的形态
		抽象形	无机形、偶然形

1. "点"

"点"是一切形态的基础，在几何学定义中，点只有位置而没有大小，更没有长度、宽度与面积，它是一条线的开始和终结，或在线的交叉处。但在实际应用中，点的感觉是相对的，具有一定的视觉形象，自然界中存在的任何形态与周围的形象比较，只要在空间中具有视觉的凝聚性，而成为最小的视觉

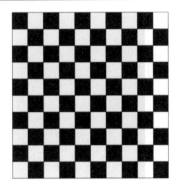  

(a) 等点图形　　　　　　　　(b) 差点图形　　　　　　　　(c) 丰富自由的点

图 1.1　点的构成方式

［图片来源：吴亮提供］

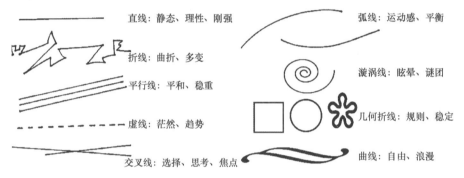

图 1.2　不同线条表达的不同情感

［图片来源：吴亮提供］

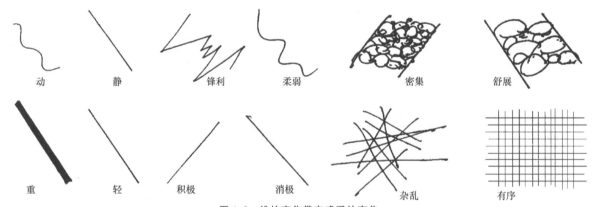

图 1.3　线的变化带来感受的变化

线在画面中丰富的变化可以带来不同的感受。

线的曲直变化：动/静；线的粗细变化：重/轻；线的力度变化：锋利/柔弱；

线的方向变化：积极/消极；线的位置与密度变化：密集/舒展；线的组合形式：杂乱/有序

［图片来源：吴亮提供］

图 1.4　平面构成中的线

［图片来源：吴亮提供］

图 1.5　线在园林花窗设计中的应用

［图片来源：吴亮提供］

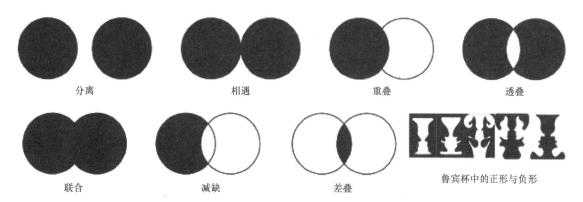

图 1.6　面与面、基本形与基本形之间的关系

［图片来源：吴亮提供］

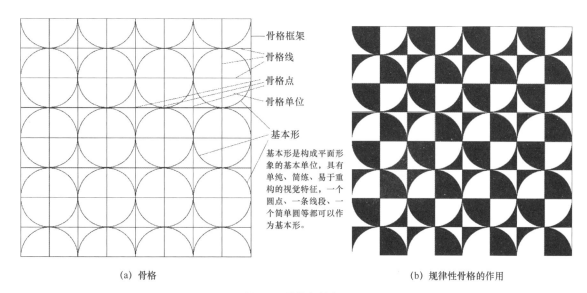

（a）骨格

（b）规律性骨格的作用

图 1.7　骨格与基本形

［图片来源：吴亮提供］

单元时，都可以形成点的形态，它既可以是规则有序的，也可以是不规则随意的，如园林中的树、石、亭、台、凳、汀步、雕塑、地灯、园景灯、喷泉眼等均可视为点，榉树广场平面就是以榉树为点形成的等点图形（图 1.8）。

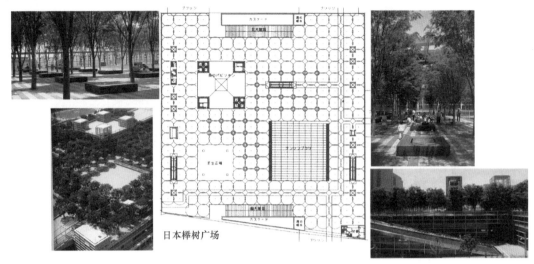

日本榉树广场

图 1.8　等点图形在园林景观设计中的应用（视榉树为点）
[图片来源：百度文库，由吴亮整理]

2. "线"

"线"是点运动的轨迹，在几何学定义中，线只有长度和方向而没有宽度，存在于面的边缘和面与面的交叉处。但在平面构成中线是有粗细之分的，从视觉语言特征来讲，粗线较细线醒目，长线较短线突出，成角度的线比水平或垂直状态的线更富于变化。从情态特征来讲，"线"有如下的特点。

> 粗线：短促、有力、稳重。
>
> 细线：纤细、锐利、速度感强。
>
> 水平线：平和、安宁、辽阔、静止。
>
> 垂直线：庄重、挺拔、坚强、上升之感。
>
> 斜线：有趋势、有变化，动态感、方向感强。
>
> 折线：波动感、不安定感。
>
> 几何曲线：有规律性、有秩序、有弹性。
>
> 自由曲线：自然、流畅、柔和轻松。

"线"在园林设计中的应用也很丰富，如构筑物的轮廓、蜿蜒曲折的水体、园路，方案分析时运用的各种视线及轴线（图 1.9）等。

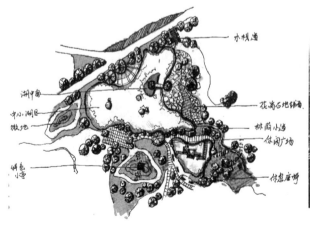

(a) 轻松活泼的游步道线路　　　　　　　　(b) 株洲炎帝广场园路系统庄重、严肃

图 1.9　线的情感在园路规划设计中的应用
[图片来源：董草提供]

3．"面"

"面"是线运动的轨迹，体的外表，在几何学定义中，面有长度和宽度而没有厚度，由线界定，具有一定的形状。但在实际的运用中，它的外延要丰富很多，视觉上点的扩大与线宽度的增加均可产生面的感觉。面的形态按几何学可分为圆形、方形、角形和不规则形。它们有如下的视觉特征。

圆形：饱满、有序、严谨、富运动感。
方形：稳定、坚实、规整、富有理性。
角形：尖锐、刺激、活泼、富紧张感。
不规则形：复杂、模糊、无秩序、富随意性。

在实际的园林景观中，"面"时常作为主要的视觉元素被重点表达，如水面、地面、墙面等（图1.10）和植物群落、景观林等。

（a）基本形为圆，其大小、肌理、色彩各不相同，但是
协调处理形与形关系后形成优美、活泼的广场平面

（b）平面点、线、面综合应用

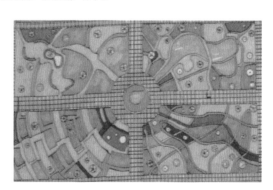

（c）众多不规则的面统一在规则直线下，相得益彰

图1.10 园林设计之平面表达中的点、线、面（学生作业）
［图片来源：吴亮提供］

善用平面构成形式对园林中的点、线、面进行造型，可以快速、系统、合理、多样地组织园林景观。例如拉维莱特公园的设计就是以形式构思为基础，在结构上由点、线、面相互叠加形成的具有新的秩序和系统的公园（图1.11）。另外，在局部景观的处理上，形与形、线与线的交集处也可结合点构造有机的景观空间（图1.12）。

1.1.2 平面构成形式

平面构成的形式非常多，按照所应用的要素不同可以分为点的构成、线的构成、面的构成以及点线面的综合构成；按照构成的规律和形式特点可以分为重复、近似、渐变、变异、发射等基本形式的构成和对比与密集、分割、群化、图—底、反常态、材料—肌理—质感、视知觉现象与空间构成、数字化等

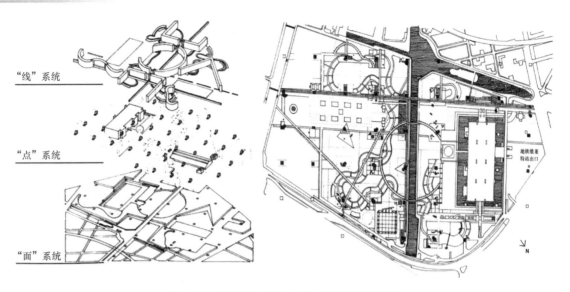

图 1.11　拉维莱特公园点、线、面系统及平面图

[图片引自：王晓俊. 西方现代园林设计. 南京：东南大学出版社，2000]

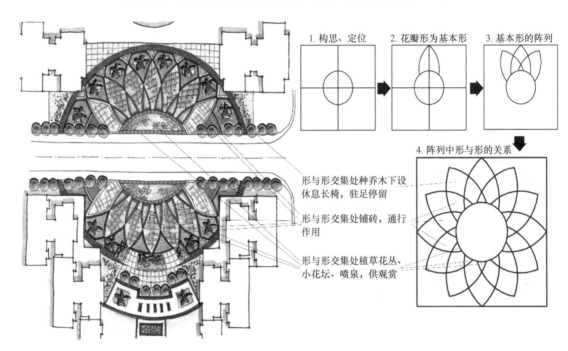

图 1.12　形与形之间关系的园林巧用

[图片来源：吴亮提供]

特殊形式的构成。

1. 重复构成

相同或近似的基本形或骨格连续地、有规律地反复排列，呈现统一、连续、秩序美，即重复构成形式。重复构成包括绝对重复和相对重复，相对重复较绝对重复有丰富画面的作用（图 1.13）。

2. 近似构成

构成元素的形状、大小、色彩或肌理等既有共同特征又具有一定差异，形成的画面变化既丰富又和谐统一（图 1.14）。

3. 渐变构成

骨格或基本形的形状、大小、位置、方向、虚实、色彩等有规律循序渐进变化的构图形式（图 1.15）。

(a) 绝对重复　　　　　　　　　　　　　　　　(b) 相对重复

图 1.13　重复构成

[图片引自：朱辉球. 平面构成及应用. 北京：北京工艺美术出版社，2007]

图 1.14　近似构成

[图片引自：朱辉球. 平面构成及应用. 北京：北京工艺美术出版社，2007]

　　骨格渐变：渐变构成的一种重要形式，即骨格线的位置依据数列关系逐渐有规律地循序变动。往往产生令人眩目的效果。其中又分为单元渐变、双元渐变、等级渐变、折线渐变、联合渐变、阴阳渐变等（图 1.16）。

　　单元渐变：也称为一次元渐变，即仅用骨格的水平线或垂直线作单向序列渐变。

　　双元渐变：也称为二次元渐变，即两组骨格线同时变化。

　　等级渐变：将骨格作横向或竖向整齐错位移动，产生梯形变化。

　　折线渐变：将竖的或横的骨格线弯曲或弯折。

　　联合渐变：将骨格渐变的几种形式互相合并使用，成为较复杂的骨格单位。

　　阴阳渐变：使骨格宽度扩大成面的感觉，使骨格与空间进行相反的宽度变化，即可形成阴阳、虚实的转换。

(a) 基本形渐变

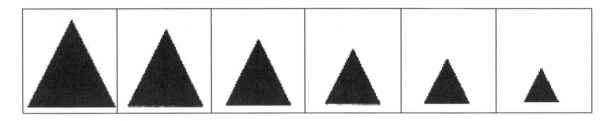

(b) 大小渐变

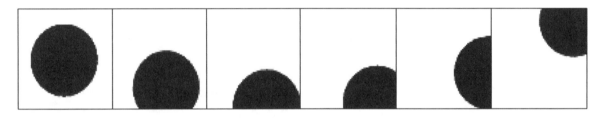

(c) 位置渐变

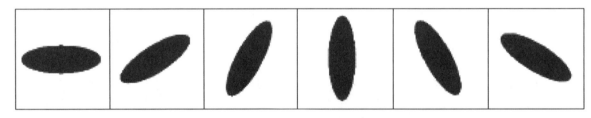

(d) 方向渐变

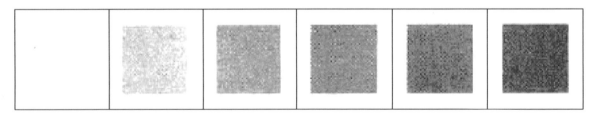

(e) 虚实渐变

图 1.15　渐变构成

[图片来源：杜娟编辑整理]

4. 变异构成

在重复、近似、渐变等构成中，出现一个或数个不合规律的基本形或骨格单位，产生强烈对比效果。在平面空间中，特异构成的主要表现有形状变异、大小变异、位置变异、方向变异、色彩变异、骨格变异等（图 1.17）。

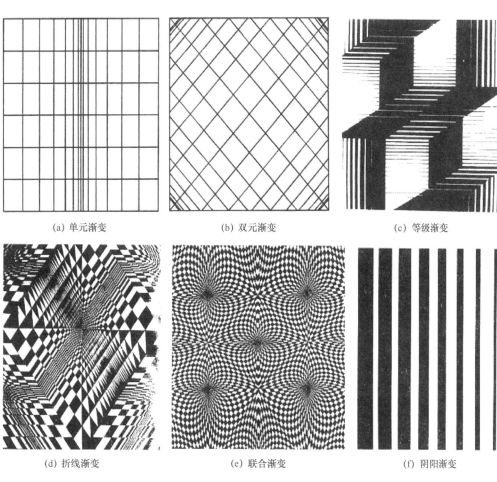

(a) 单元渐变   (b) 双元渐变   (c) 等级渐变

(d) 折线渐变   (e) 联合渐变   (f) 阴阳渐变

图 1.16　骨格渐变
［图片来源：百度图库］

(a) 形状变异   (b) 大小变异   (c) 位置变异

(d) 方向变异   (e) 色彩变异   (f) 骨格变异

图 1.17　变异构成
［图片引自：马洪伟. 构成设计. 北京：化学工业出版社，2004］

5. 发射构成

发射构成是渐变构成的一种特殊表现形式。基本形或骨格线围绕一个或几个中心，向外或向内散发。其具强烈的视觉效果，有时会形成光学的动感令人眩晕，是平面设计中很好的表现手段。

在平面空间中，发射构成主要表现为中心式发射、同心式发射、移心式发射、螺旋式发射、向心式发射、多心式发射等（图1.18）。

（a）中心式发射　　　　　　　（b）同心式发射　　　　　　　（c）移心式发射

（d）螺旋式发射　　　　　　　（e）向心式发射　　　　　　　（f）多心式发射

图 1.18　发射构成

［图片引自：朱辉球. 平面构成及应用. 北京：北京工艺美术出版社，2007］

6. 密集构成

基本形数量众多且排列方式有疏有密，趋近一个或多个点密集、趋近线形密集或自由密集排列，具有鲜明节奏感和韵律感的构成形式，最密和最疏处常为视觉焦点。

在平面空间中，密集构成的主要方式有点的密集、线的密集、面的密集、自由密集等（图1.19）。

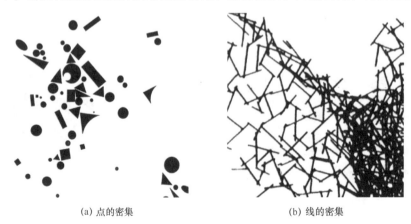

（a）点的密集　　　　　　　　　　　　（b）线的密集

图 1.19（一）　密集构成

［图片来源：百度文库］

(c) 面的密集　　　　　　　　　　　(d) 自由密集

图 1. 19 （二）　密集构成

［图片来源：百度文库］

7. 对比构成

不以骨格线为限制，通过构成元素之间在不同方面，如大小、曲直、方向、色彩、疏密、虚实、显晦、形态和肌理等的对比显示差异，形成视觉冲击力，给人一种鲜明、肯定、强烈、清晰的感受。

在平面空间中，一般常见的对比形式主要有形状对比、大小对比、方向对比、肌理对比、虚实对比、位置对比、空间对比、色彩对比等（图 1.20）。

(a) 形状对比　　　　　　　　　　　(b) 大小对比

(c) 方向对比　　　　　　　　　　　(d) 肌理对比

图 1. 20 （一）　对比构成

［图片引自：毛雄飞. 平面构成设计. 北京：中国纺织出版社，2005］

（e）虚实对比　　　　　　　　　　　（f）位置对比

图 1.20（二）　对比构成

［图片引自：毛雄飞．平面构成设计．北京：中国纺织出版社，2005］

8. 分割构成

　　对平面空间比例与形态的合理划分，使复杂涣散的画面得到统一与稳定，使单薄的画面形成视觉上的丰满与充实。分割的方式有倍数分割、递进分割、矩形分割、黄金比例分割、自由分割等。在此主要介绍自由分割的构成（图 1.21）。

（a）　　　　　　　　　　　　　　（b）

（c）　　　　　　　　　　　　　　（d）

图 1.21　自由分割构成

［图片引自：朱辉球．平面构成及应用．北京：北京工艺美术出版社，2007］

自由分割是将画面不规则地自由进行分割的一种方法，它不同于数学规则分割产生的整齐效果，它的随意性，给人活泼不受拘束的感觉。分割时要注意主次、构图、大小、空间等关系。

1.1.3　平面构成在园林设计中的运用

园林不是单纯的艺术，从历史的发展来看，园林规划设计和园林艺术表现都与平面构成有着紧密的联系。审美观念的多样性和兼容性，对园林设计师的创作力和对形式美进行抽象表达的能力提出了更高的要求。因此，平面构成的学习有助于培养设计人员的审美能力及构图能力。

园林设计在方案规划设计的阶段，从立意到功能和美的造型，平面构成都深刻影响着规划设计中各要素的造型美。

1. 平面构成与功能分区

综合性的园林一定有着丰富的功能分区，园林设计中通常用气泡图或填充色块来表达功能分区规划，功能区有主次、动静、景观要素、服务对象之分，其规划过程实则为对用地范围的分割构成。

成吉思汗公园用地形状极为不规则，属于较难处理的园林用地类型，通过一级园路对地块进行分割成5大块功能区，而后通过二级园路进一步细化成8个功能区（图1.22）。分割构成中凸显了跑马场、生态餐厅与高档会所、野鸟生态园3个功能区，主次分明；地块长轴方向依次展开的主题雕塑、市民广场、跑马场与野鸟生态园、过渡区与苗圃，恰如其分地表达了园林的起、承、转、合。分割构成在园林规划中很常用，可以借助各种级别的园路进行分割，也可以借助自然或人工的水体进行分割，植物、山石等则多用于局部空间分割。另外，在居住区规划主题的构成图中（图1.23），以丘陵和平原主题为主，森林主题贯穿始终，山谷和岛屿主题点缀，规划过程不乏分割构成、对比构成、重复构成的思想基础。

跑马场
生态餐厅、高档会所别墅
野鸟生态园
狩猎场
市民广场
主题雕塑
管理及苗圃
过渡区

图1.22　成吉思汗公园功能分区图
[图片来源：百度图片]

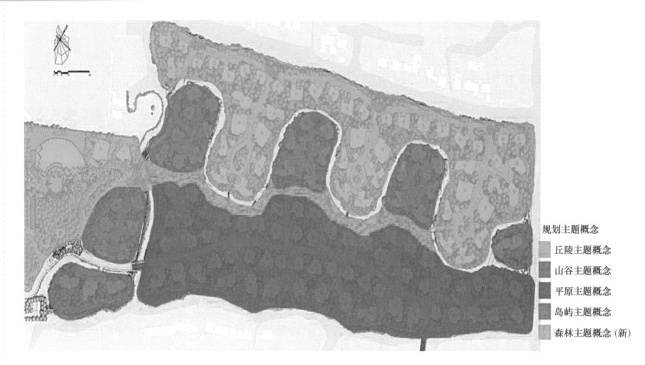

规划主题概念

■ 丘陵主题概念
■ 山谷主题概念
■ 平原主题概念
■ 岛屿主题概念
■ 森林主题概念（新）

(a) 大华京郊别墅区规划主题概念

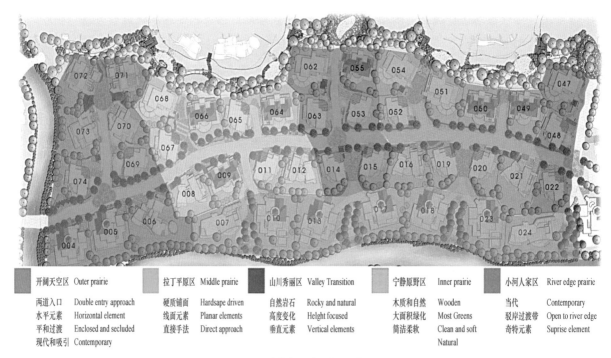

	开阔天空区	Outer prairie		拉丁平原区	Middle prairie		山川秀丽区	Valley Transition		宁静原野区	Inner prairie		小河人家区	River edge prairie
	两道入口	Double entry approach		硬质铺面	Hardscape driven		自然岩石	Rocky and natural		木质和自然	Wooden		当代	Contemporary
	水平元素	Horizontal element		线面元素	Planar elements		高度变化	Height focused		大面积绿化	Most Greens		驳岸过渡带	Open to river edge
	平和过渡	Enclosed and secluded		直接手法	Direct approach		垂直元素	Vertical elements		简洁柔软	Clean and soft		奇特元素	Suprise element
	现代和吸引	Contemporary									Natural		

(b) 大华京郊别墅区景观分区

图 1.23 园林规划与平面构成

[图片引自：澜雅园艺咨询（上海）有限公司. 大华京郊别墅景观设计一期方案深化说明]

2. 平面构成与园路系统规划

　　套环式、带状、树枝式和棋盘式四大园路系统形成过程中贯穿着对比构成形式，对比之下能更好地反映园路的主次，有更明确的交通关系。如套环式又称为原路成环，在这个园路系统的构图中大环往往就是一级园路，兼消防通道和园中最主要的车、人通行；小环常附于大环周围，一般为二级园路，沟通各功能区和景观节点（图 1.24）；而在树枝式和带状园路系统中，一般最长的园路为三级园路，距离短的尽端路则多为游步道。道路系统可以根据用地范围的地形条件来进行规划，在规划的过程中，对多种平面构成形式如发射构成、密集构成、对比构成、分割构成的综合应用可以实现总体规划的生动活泼和统一和谐。

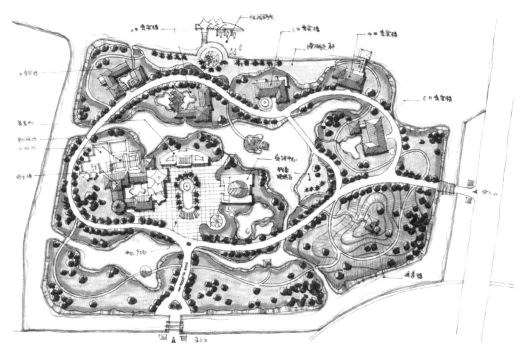

图 1.24　对比构成与园路规划
[图片来源：吴亮提供]

3. 平面构成与地面铺装设计

地面铺装按材料可分为整体路面、块料路面、粒料路面以及木屑沙土碎石铺成的临时路面，其中块料和粒料路面设计成图案样式本身就是园林景观构成的重要元素。地面铺装设计离不开点、线、面的创意构成和几乎所有平面构成形式，利用铺装材质的图案和色彩组合，界定空间的范围，为人们提供休息、观赏、活动等多种空间环境，并可起到方向诱导作用；利用不同色彩、纹理和质地的材料组合，可以表现出不同的风格和意义（图 1.25 和图 1.26）。

图 1.25　园林地面铺装设计离不开平面构成
[图片来源：吴亮提供]

地面铺装设计归纳起来主要有两点：一是规则图案重复构成。这种方法有时可取得一定的艺术效果，其中方格网式的图案是最简单地使用，这种铺装设计虽然施工方便，造价较低，但在面积较大的场

图 1.26 平面的立体化在园林地面铺装的应用带来全新的视觉感受和行走趣味

［图片来源：百度文库］

地中亦会产生单调感。人的审美快感来自对某种介于乏味和杂乱之间的图案的欣赏，单调的图案难以吸引人们的注意力，过于复杂的图案则会使我们的知觉系统负荷过重而停止对其进行观赏。较好的方法：一是在规则图案中适当插入其他图案，或用小的重复图案再组织起较大的图案，这样铺装图案既丰富又统一。二是把园林环境进行整体性图案设计。如在广场中，将铺装设计成一个大的整体图案，将取得较佳的艺术效果，并易于统一广场的各要素和广场空间感的求得，美国新奥尔良意大利广场中同心圆式的整体构图，使广场极为完整，又烘托了主题（图 1.27）。

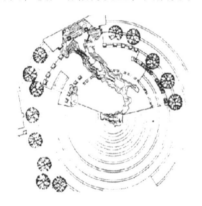

(a) 同心圆平面构图示意

(b) 美国新奥尔良意大利广场场景轮廓

(c) 实景照片

图 1.27 美国新奥尔良意大利广场同心圆整体构图

［图片来源：百度文库］

4．平面构成与植物造景

点的焦点作用产生了孤植树景观，模拟自然植物群落则是对点的变异、密集构成与画面均衡的把握，树阵就是等点构图的景观表达；直线简单、稳定、庄重、通达，从而产生道路与行道树带、分车绿带，曲线活泼、有未知的神秘感，结合有规律的构图形式可将合适高度的绿篱设计成植物迷宫；模纹花坛和花丛花坛的平面设计则规整式构成、对比构成、近似构成等（图1.28）。

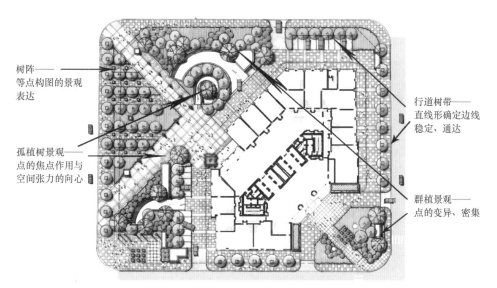

(a) 城市商业广场植物景观与平面构成

(b) 天安门广场上花丛花坛与平面构成

图1.28 平面构成与植物造景

［图片（a）引自：EDSA. 华远·尚都国际中心景观设计方案汇报，由吴亮整理；图片（b）由吴亮提供］

5. 平面构成与水体景观设计

水体景观分为静止或流动的，静止的水面物体产生倒影，可使空间显得格外深远，特别是夜间照明的倒影，在效果上使空间倍加开阔。动的水有流水及喷水，流水的作用，可在视觉上保持空间的联系，同时又能划定空间与空间的界限；喷水的作用，丰富空间层次，活跃气氛。鲁宾的"杯图"对静止水体景观的立面效果设计产生了深远的影响，如"千湖之国"芬兰的众多湖畔，天空和湖面都成了同样的白色，中间只是隔了一道黑色的针叶树林及其倒影，像极了把埃德加·鲁宾的"杯图"横过来构图，天空与湖面同时成了"图形"，树林及其倒影则成了黑色的"背景"，又或是天空与湖面同时成了白色"背景"，树林及其倒影则成为"图形"（图1.29）。而喷泉立体造型的基础是重复、近似、渐变、发射等平面构图形式决定的喷头位置布局设计。

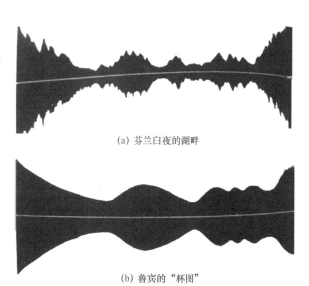

(a) 芬兰白夜的湖畔

(b) 鲁宾的"杯图"

图1.29 芬兰白夜的湖畔与鲁宾的"杯图"

［图片引自：芦原义信. 街道的美学.
天津：百花文艺出版社，2011］

1.2 立体构成

1.2.1 平面构成、立体构成、空间构成的联系与区别

立体构成区别于平面构成，平面构成是二维的、物象的外轮廓形状的分割与组合、是立体物诸多面中的一个面，其造型要素为点、线、面；立体构成是三维的、是诸多形状构成立体物造型的全方位印象，其造型要素为点、线、面、体。

立体构成以一定的材料、以视觉为基础，以力学为依据，将造型要素，按照一定的构成原则，组合成美好的形体，如吴哥窟的四面佛雕塑（图1.30）。立体构成与空间构成也不同，立体构成对空间具有占有性，空间构成对空间具有限定性，空间构成通过各种手段的限定产生封闭、半封闭、半开敞、开敞的空间感受，立体构成和平面构成往往是空间构成的媒体，如昆明世博园中国馆齐鲁园的牌坊与鲁壁，立体构成重点解决牌坊与鲁壁的立体造型美，而空间构成侧重在牌坊与鲁壁之间半封闭空间的营造和鲁壁对园中园形成障景，从而实现分割空间越分越大的造园目的（图1.31）。

(a) 吴哥窟四面佛——东南西北四个面分别为喜、乐、哀、怒

(b) 吴哥女王庙精湛的雕刻

图 1.30 吴哥窟

[图片来源：吴亮提供]

图 1.31 昆明世博园齐鲁园的牌坊与鲁壁

[图片来源：吴亮提供]

1. 2. 2　立体构成的造型方法与园林实用

园林景观中最常用的立体构成造型方法有联结、分切、重叠、挖空。

1. 联结

联结是形态的加法，是将两个或两个以上的平面形状或立体形态直接粘连、拼合起来，统一中不乏韵律，如园林中的双子亭、中国古典园林中的亭廊组合。随着构成手法的创新和新材料的使用，一些特殊的、全新的联结方式得到较好运用，如采用镜面不锈钢封装地面突出物的造景手法，使突出物隐身于景观中（图1.32）。

图 1. 32　镜面不锈钢联结镜内外
地面突出物神奇地隐身，空间在镜面中联结了；反射周围植物，创造更加葱郁迷幻的空间
［图片引自：EDSA. 华远·尚都国际中心景观设计方案汇报，由吴亮整理］

2. 分切

把原有形态进行分割、切开，形成多个子形态，然后通过一定的空间构图关系使其相互联系成富有变化的新的立体造型，很多建筑、构筑物、小品等的外观设计就是将立方体进行分切后重组而成的（图 1.33）。

3. 重叠

将相同或不同的形态在空间中重叠组合，如某校园广场视线焦点处的"读书思源"主题水景，就是书本立体造型的错位重叠形成多视角美的立体造型（图 1.34）。

4. 挖空

把立体形态从内部按同一种或不同种的平面形状或立体形态挖空，剩下或多或少的边界形成的框架。挖空造型法在景观建筑物、构筑物的构建上，时常得以运用，根据主题的需要，挖空造型可设计成各种样式，通过材质变化和结合色彩构成，创作将更为丰富（图 1.35）。

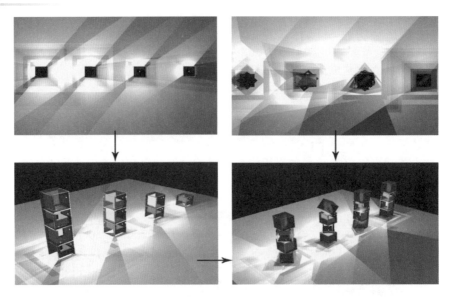

图 1.33 分切与景观照明设计

[图片引自：EDSA. 华远·尚都国际中心景观设计方案汇报，由吴亮整理]

图 1.34 重叠立构创造的主题水景（学生作业）

[图片来源：吴亮提供]

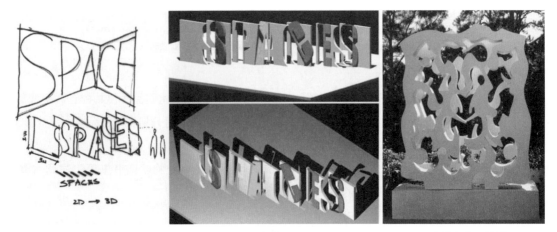

(a) 挖空造型的 logo（原创为 EDSA，编者整理）　　　　　　　　(b) 挖空造型的雕塑

图 1.35 挖空造型的 logo 和雕塑

[图片引自：EDSA. 华远·尚都国际中心景观设计方案汇报，由吴亮整理]

1.3　园林空间

园林设计可以说是一种"空间设计"，目的在于通过各种形式的空间组合提供给人们一个舒适而美好的外部休闲憩场所。空间是园林的本质，园林需要在一定的空间内存在，而空间本身又提供了丰富多变的园林要素。

1.3.1　空间的概念

康德说，空间是我们的外感官形式。科学对空间和时间的认识经历了牛顿的绝对空间、绝对时间和爱因斯坦相对论的质量、运动、时间、空间一体的相对性。时间也被认为第四度空间。空间的涵义是人类营建活动的出发点与归结点，人类改造环境营造园林，最根本的目的是为表现自己客观的、现实的生存状态而创造空间。

广义上讲，空间是物理空间与心理空间的高度结合；狭义上讲，空间是相对于实体而言的，实体以外的部分即空间，它由长、宽、高三部分组成。作为寓情于景、情景交融的园林空间，是物理空间与心理空间高度结合的有机统一体。这也是园林空间区别于一般物理意义上的空间所在。

1.3.2　空间的产生

一片空地，无参照尺度，就不成为空间。但是，一旦添加了空间实体进行围合便形成了空间，容纳是空间的基本属性。"地""墙""顶"是构成空间的三大要素（图1.36）。

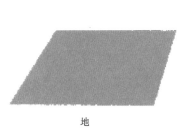

地　　　　　　　　　　　　　墙　　　　　　　　　　　　　顶

图1.36　构成空间的三要素
［图片来源：陈新建整理提供］

地是空间的起点、基础。墙因地而立，或划分空间，或围合空间。顶是为了遮挡而设。地与顶是空间的上下水平界面，墙是空间的垂直界面。

1. 空间的产生过程：从"无"到"有"

没有界定就没有空间感（图1.37），当出现了一定的参照物之后，人在参照物周围一定范围内就形成了空间感、归属感（图1.38）。

2. 空间的产生过程：从简单到复杂

单一的参照物产生的是简单的空间，由多种元素有机组合并围合和界定出的空间就是复杂空间（图1.39和图1.40）。

3. 时间与空间的关系

园林空间的时间性。时间与空间经常被放在一起考察，鉴于时间与空间之间的密切关联，空间的分析其实让人们立即注意到一种园林的时空分析的可能性，同时必须考虑园林的空间性与时间性。在园林空间中，人们的感受随时间的不同而不同，所谓步移景异正是人们在园林空间中的时间轴向运动的体验。

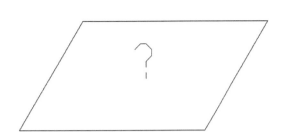

图 1.37　没有界定就没有空间

［图片来源：陈新建整理提供］

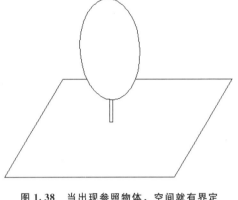

图 1.38　当出现参照物体，空间就有界定

［图片来源：陈新建整理提供］

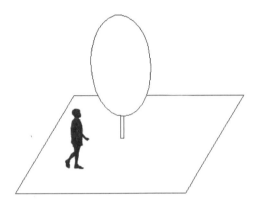

图 1.39　单一参照物产生简单空间

［图片来源：陈新建整理提供］

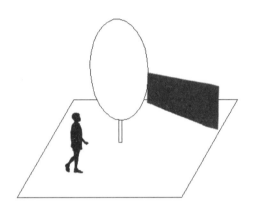

图 1.40　多参照物产生复杂空间

［图片来源：陈新建整理提供］

1.3.3　空间的分类

空间的存在及其特性来自形成空间的构成形式和组成因素，空间在某种程度上会带有组成因素的某些特征。顶与墙的空透程度，存在与否决定空间的构成，地、顶、墙诸要素各自的线、形、色彩、质感、气味和声响等特征综合地决定了空间的质量。要形成丰富的空间首先要撇开地、顶、墙诸要素的自身特征，只从它们构成空间的方面去考虑，然后再考虑诸要素的特征，并使这些特征能准确地表达所希望形成的空间的特点。

空间又分为明确空间和模糊空间。明确空间分为半围合空间、全围合空间、半封闭半围合空间。模糊空间（及暗示空间）是空间的基本形式。

从中西方的价值观来分，空间又分为积极空间和消极空间，也就是明确边界空间和模糊边界空间。模糊边界空间分为连续性的模糊边界空间和整体性的模糊边界空间；明确边界空间是指有一定的"墙"围合边界的空间。

1. 中西方园林空间比较

中国园林空间中明确空间与模糊空间相互穿插、渗透，是明确空间和模糊空间相互融合的有机统一体。西方园林空间中的明确空间与模糊空间泾渭分明，作为园林空间的模糊空间只是作为建筑空间地明确空间在室外的延伸。下面利用图解详细地说明中西方园林空间之间的区别（图 1.41 和图 1.42）。

2. 根据空间的限定度划分空间

开敞空间/开放空间：四周开敞，外向无私密性，是人与社会与自然进行信息、物质和能量交换的重要场所（图 1.43 和图 1.44）。园林中常作为有公共活动需要的入口广场，或主题性的公园广场。

模糊空间

明确空间

模糊空间边界中有明确空间

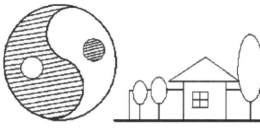
明确空间边界中有模糊空间

图 1.41　中国园林空间
［图片来源：陈新建整理提供］

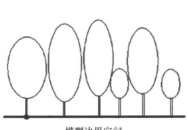
模糊边界空间

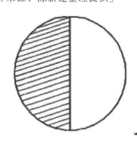
明确边界空间

图 1.42　西方园林空间
［图片来源：陈新建整理提供］

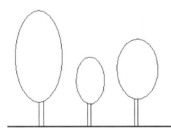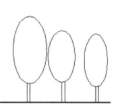

图 1.43　开敞空间示意
［图片来源：陈新建整理提供］

图 1.44　园林中的开敞空间
［图片来源：陈新建整理提供］

　　闭合空间：主要空间界面是封闭的、视线无流动性的空间（图1.45和图1.46）。园林中常见的闭合空间通常由景墙、绿篱等构成，既起到了阻隔视线、使人隐蔽的作用，又传达了景观文化。

图1.45　闭合空间示意
[图片来源：陈新建整理提供]

图1.46　园林中的闭合空间
[图片来源：百度图库]

　　半开放/半闭合空间：开敞程度小，单方向，通常适用于一面需隐秘性，而另一侧需观景的人居环境中，可以使人们在一个相对独立的空间里聚会，在大型水体旁也常用，既满足人们交往需要又有一定的私密性（图1.47和图1.48）。

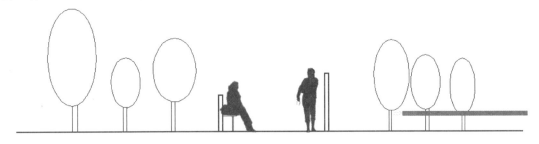

图1.47　半开放/半闭合空间示意
[图片来源：陈新建整理提供]

图1.48　园林中的半开放/半闭合空间
[图片来源：陈新建整理提供]

3. 根据心理学划分空间

私人空间：在各种空间场合里，人会有各种不同的私密要求，保持隐秘性，杜绝任何在封闭空间内的自由穿行，不希望别人了解他们（图1.49）。园林中常设于边界处，通常围合或半围合，周围树荫浓密，或有建筑物遮挡，从而遮挡人们的视线，分割出一个独立的空间，形成私密空间，只供少数人使用。

公共空间：一般社会成员均可自由进入并不受约束地进行正常活动的地方场所。园林中一般指公园、广场、街道、户外场地等（图1.50）。人具有社会性，每个人都有参与和交往的愿望，合适的公共空间环境有助于人的交流。

图1.49 私人空间
[图片来源：百度图库]

图1.50 公共空间
[图片来源：百度图库]

半私人/半公共空间：公共空间与私人空间的中介体，过渡空间。园林中一般指休憩使用的坐凳等，通常是有少数人聚会活动的人群聚集的地方，既享受户外自然的美景，又可开展聚会活动，不被外界打扰（图1.51）。

1.3.4 空间的界定

有界定才能产生空间，不同的界定方式会产生不同的空间。园林空间的产生意味着边界、面和体在空间中位置的确定。点、线、面的组合，甚至光影的存在都会是空间产生的原因。

图1.51 半私人/半公共空间
[图片来源：百度图库]

空间界定的过程：由于空间之间的相互渗透而产生视觉上的连续性，人们在观景时视线不再只停留在近处的景观上，可以渗透出去达到另一个空间的某一个景点，并可由此再向外扩展，这种景致绝对不是在一个单一的空间中可以获得的，从而形成了园林空间界定的活泼性，使景观变得丰富多彩。空间界定可以由简单的围合衍生出多种灵活的围合形式（图1.52）。

1. 点界定的空间

在空旷的场地里，空间是伴随着参照物的出现而产生的（图1.53和图1.54）。点界定空间的方式：点的连续可以产生虚线，当画面上有较多点时，点的集合就会产生虚面的感觉产生围合感，从而界定出园林空间。边界墙越短，预想达到的空间效果越弱（图1.55）。

2. 线界定的空间

线界定空间的方式：直线和曲线。线是面的边界，一系列的线的排列又可以产生虚面的形态，而虚面也界定园林空间，同时也联系两个园林空间（图 1.56 和图 1.57）。

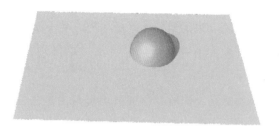

图 1.53　点界定空间示意
［图片来源：陈新建整理提供］

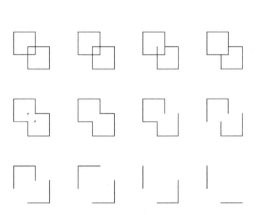

图 1.52　空间界定的过程
［图片来源：陈新建整理提供］

图 1.54　点界定空间实例
［图片来源：百度图库］

用实体的转角或边界线的记号定义空间

图 1.55　点界定空间的方式
［图片来源：陈新建整理提供］

图 1.56　线界定空间示意
［图片来源：陈新建整理提供］

图 1.57　线界定空间实例
［图片来源：百度图库］

3. 面界定的空间

面界定空间的方式：直面和曲面。面的变化给人意想不到的特殊艺术效果。园林中的景墙，既起到美化园林景观，又起到分隔园林空间，界定空间的作用（图 1.58～图 1.61）。

图 1.58 直面界定空间示意
[图片来源：陈新建整理提供]

图 1.59 曲面界定空间示意
[图片来源：陈新建整理提供]

图 1.60 园林中的直面实例
[图片来源：百度图库]

图 1.61 园林中的曲面实例
[图片来源：百度图库]

1.3.5 空间形态的限定方法

空间形态一般情况下都需要借助实体的限定来形成，通过限定，空虚才能变成视觉形象，才能从无限中构成有限，使无形化为有形。限定要素本身的不同特点和限定元素的不同组合方式，均能使空间限定感产生变化，形成不同的空间感受，如在草地上铺块毯子就是临时的野餐空间、撑开伞形成避晒避雨的地方，广场上不同铺装的纹样揭示着不同的功能区，园林中的云墙对空间进行划分，图腾石柱让人肃穆敬仰，水柱成列、成圈让人轻松愉悦，这都是空间的限定，铺毯子、撑伞、铺装、云墙、石柱、水柱都在发挥限定空间的作用。

单一空间的构成方法有质地变化、下沉、上升、托起、设立、围合、覆盖（表 1.2），采用一种构成方式形成的空间是一次限定空间，复杂的空间需要多次的限定，上述构成方法单独或组合使用，再加上线形、尺度、色彩、材料、肌理等构成要素影响，可以实现空间环境的丰富多彩。植物迷宫通过列植乔木的围合进行空间限定，是单一空间的构成；而复杂的空间构成中有地面铺装的质地变化、雕塑和灯光的设立构成、植物围合等多种空间构成方法的综合应用（图 1.62）。

表 1.2　　　　　　　　　　　　　　　　　　空间的基本构成方法

空间构成方法	立面示意图	透视示意图	内　涵	景观要素
质地变化			不改变标高情况下，以材料、颜色和肌理等的改变区别不同的空间	道路、草地、水面、不同类型的铺砖
下沉			底面的标高低于周围标高，以区别于周边空间，被挖去的部分可形成空间容量	凹地形、下沉广场

空间构成方法	立面示意图	透视示意图	内　涵	景观要素
上升			底面抬起的标高变化区别于周边空间	凸地形、上升台地、上升广场
托起			将底面与地面分离，以某种方式架构起来呈悬浮状	天桥、空中走廊
设立			以高度明显的柱状形体（标志物）所形成空间，离形体越近，空间感越强	图腾柱、灯柱、景观柱、雕塑、树干、水柱
围合			垂直面的运用是形成空间最明显的手段，围合方式不同空间感强弱不同	绿篱、列植乔木、墙体、建筑等
覆盖			顶界面提供的下部空间为覆盖空间	天空、亭、廊、花架等构筑物的顶、树冠等

(a) 单一空间的一次限定　　　　　　　　　(b) 复杂空间的多次限定

图 1.62　单一与复杂空间的构成
［图片来源：吴亮提供］

1.3.6　空间的张力

　　"张"含有"紧张"和"扩张"双重感受，比如四周高而中央低的下沉广场空间，若人置于其中会产生离心、扩散的张力，若人置于其周围向下向中心俯视，则有向心、内聚和收敛感；又如沿中轴线有开口的夹景空间，具有沿中线向上延续和扩散感，这就是空间的张力（图 1.63）。基于对实体所具有扩张性的认识，即据此创造实体分离组合的构成关系，形状与形状、形态与形态之间的紧张关系，从而达到对空间的组合构筑顾盼有情，势力连贯协调。

　　空间张力对于封闭型广场和人气旺的商业街至关重要，广场的 D/H 和街道的 W/D 对空间张力进行了很好的量化。卡米罗·西特是 19 世纪后半叶的奥地利建筑师和城市规划师，他所著的《城市建设艺术》曾获得很高的评价，产生过很大的影响，其基本思想是城市是综合性艺术作品，而且必须基于艺

(a) 向内的收敛与向外的扩张   (b) 沿中线向上延伸和扩展的张力

图 1.63 空间的张力
［图片来源：吴亮提供］

术原理进行规划。西特分析了欧洲许多现存的城市广场，探索并揭示其间蕴含的许多原理，其原理之一就是关于广场宽度 D 与周围建筑高度 H 的比例。西特认为广场最小应与支配广场的建筑物高度相同，最大不超过建筑物高度的两倍，即 $1 \leqslant D/H \leqslant 2$。20 世纪初产生很大影响力的建筑师勒·柯布西耶在其著作《城市》一书中表露他不大喜欢西特，基于柯布西耶"阳光、空间、绿化"口号的规划方法，建筑被高层化，考虑到标准日照间距其建筑间距当然也就加大了，一幢幢的建筑位置都很好，而由建筑群围合成广场的封闭空间观念则淡漠了。21 世纪繁盛的今天，人们需要多种多样的空间张力感受 ［笔者认为西特和柯布西耶的手法都是可以为我们所用的，集会游行广场如解决北京天安门广场的尺度问题选择柯布西耶式，而居住小区广场、商业广场等是建筑物、街道以及环境中各幢建筑组合构成外部空间时，为其赋予格式塔特质 $1 \leqslant D/H \leqslant 2$ 作为一种营造良好空间张力的手法，今天看来仍是一项应予以尊重和高度评价的指标（图 1.64）］。

  日本当代著名建筑师卢原义信对充满亚洲独特热闹气氛的街道进行调研，他在《街道的美学》一书

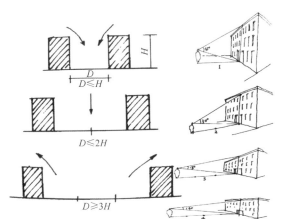

当D/H=1，即垂直视角为45°，这个比例是全封闭广场的最小空间尺度，可观赏到建筑细部，同时也是观赏建筑单体的极限角度。可以产生良好的封闭感，给人一种安定感，并使广场空间具有较强的内聚性和防卫性。小尺度封闭空间广场多见于庭院广场及欧洲中世纪的一些广场

当D/H=2，即垂直视角为27°，这个比例是创造封闭型空间的极限。但是作为观赏建筑全貌，此角度较理性

当D/H=3，即垂直视角为18°，这时观赏到的不仅是一个建筑物，还可以观赏到建筑物群的背景。如果低于18°时，广场周边的建筑立面如同平面的边缘，起不到围合作用，广场的空间失去了封闭感。使人产生一种离散、空旷、荒漠的感觉

图 1.64 广场空间的密度 D 与高度 H
［图片来源：吴亮整理提供］

中介绍：这些热闹街道的道路宽度多为 10m 左右，且 $D/H \leqslant 1$，即道路宽度 D 小于或等于周围建筑高度 H，如果道路加宽或比值变大则很难形成那种亚洲独特的热闹气氛。这一结论与他在另一著作《外部空间设计》中"外部空间模数假说"指出的 21～24m 这一城市步度单位。21～24m 是看清对方面孔的距离，超出这一距离则看不清对面人行道上行人的面孔，因此《街道的美学》中的 10m 左右的道路上，可识别行人这一社区要素就会大大加强，空间张力加强气氛也由此活跃起来。除 $D/H \leqslant 1$ 之外，$W/D \leqslant 1$ 也十分重要，W 指临街商店的店面宽度，比街道宽度 D 尺寸小的店面宽度 W 反复出现，街道的节奏感加快，从而带动街道更显生气。$D/H \leqslant 1$ 且 $W/D \leqslant 1$ 产生的空间张力、带来的热闹氛围在商业步行街的规划设计中应给予重视。

1.4 作业与思考

1.4.1 空间限定

1. 设计条件

在一个假想的三维混沌空间（无墙、顶、地）中限定空间。

2. 功能要求

应用基本的几何形体元素和地形处理等方法分别营造出开敞空间、闭合空间和半开敞空间。为创造纯粹的限定空间，需考虑比例和尺度。

3. 空间氛围

要考虑空间应有的品质及特征。

4. 设计成果

(1) 设计平面图（带简短说明性文字，无比例）。

(2) 反映设计意图的立面图、剖面图各一张（无比例）。

(3) 鸟瞰轴测图一张（无比例）。

(4) 图纸：A2 图纸一张。

1.4.2 空间序列

1. 设计条件

在一个假想的三维混沌空间（无墙、顶、地）中营造空间序列。

2. 功能要求

应用基本的空间形式和空间序列构成方法营造出既变化又统一的空间序列。为创造纯粹的空间序列，无需考虑比例和尺度。

3. 空间氛围

空间氛围主题自定，如神秘、庄重、仪式性、纪念性、活跃、浪漫等。设计要考虑空间序列应有的品质及特征。

4. 设计成果

(1) 设计总平面图（带简短说明性文字，无比例）。

(2) 反映设计意图的立面图、剖面图各一张（无比例）。

(3) 空间序列中一个空间单元的平面图及轴测图（带简短说明性文字，无比例）。

(4) 整体鸟瞰轴测图一张（无比例）。

（5）图纸：A2 图纸一张。

1.4.3 园林空间设计

1. 设计条件

在一个假想的三维混沌空间（无墙、顶、地）中营造园林空间。

2. 功能要求

应用基本的空间形式和空间序列构成方法，以园林造景元素（景墙、绿篱、铺地、草坪、树木、坐凳、花池等）为材料营造出丰富多变而又有机统一的园林空间。设计应以人为参照物考虑比例和尺度。

3. 空间氛围

园林空间氛围及设计主题自定。设计要与主题思想紧密结合，考虑园林空间应有的品质及特征。

4. 设计成果

（1）设计总平面图（带简短说明性文字，比例 1∶50）。

（2）反映设计意图的立面图、剖面图各一张（比例 1∶50）。

（3）整体鸟瞰轴测图一张（比例 1∶50）。

（4）图纸：A2 图纸一张。

第2章 形式美法则

2.1 美学思想溯源

柏拉图问："什么是美？"

数千年来这个问题一直萦绕在人们的思绪之中，吸引着一代又一代的学者孜孜不倦地对其进行探索。顺着这个问题思考，恐怕我们不禁会从柏拉图的时代再往前追溯，人又是何时产生"美"的意识的呢？

远古时代，人类的祖先还过着茹毛饮血的生活，跟其他任何动物一样，生存是第一要义。为了抵御天敌，人们聚族而居，男人狩猎，女人采摘野果。出于震慑的目的，族落中有人用打猎而来的飞禽的羽毛伪装成自己的头冠，有人将走兽的獠牙串在一起戴在身上；而出于御寒的需求，则有人用动物的毛皮或柔软坚韧的树叶、草皮裹体。一旦有人这么做了，族落中的其他人便会争相模仿，一方面人们发现这样做有利于自己的生存；另一方面人们还发现了自己内心深处说不清道不明的愉悦，产生愉悦的根源，或许我们便可以把它表述为"美"。"美"作为大自然最精妙的奥义之一，是先于人类而存在的，它被人们发现，充满了偶然性和必然性。随着生存物质的逐渐改善，这种美带来的愉悦得到了进一步的强化，偶然间发现的美便演变成了爱美的意识，与此同时发展的还有人们判断美的审美能力。由此看来，远古时代的人们在进行岩画创作的时候往往以人物形象作为创作主体，便显得顺理成章（图 2.1）。美是人们在劳动生产过程中所发现的，并逐步成为超脱于生存物质之外的需求。

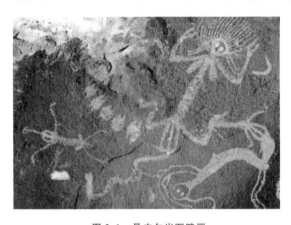

图 2.1 丹皮尔岩石壁画
[图片来源：百度图片]

自从人类有了美的意识，便一直有意或无意地应用美、创造美。但是要细究起人们是何时开始关注美到底为何物，之于西方世界来讲，恐怕还要回归到文首所引用的古希腊大哲学家柏拉图的那句"什么是美"。随后的2000 年中，西方的美学思想一直与哲学相生相伴，通过哲学方法的探索，不断接近美学的本质。但美学作为一门独立的学科而存在，却也不过是 260 余年前的事情。德国启蒙运动时期的美学家鲍姆嘉通于 1750 年，在前人对美学思想漫长探索的基础之上，经过了长期的准备，才最终以 Asthetik 为名建立了美学学科。反观中国，人们探索什么是美的哲学问题至少可追溯到西周末期周太使伯之"和谐为美"的言论。而随后以孔子为代表的儒家学派提出了美与善的统一，及至南北朝时期美学思想进一步与佛道思想相融合，转入了对审美心理的探讨。但不得不承认，虽然中国在探讨什么是美的问题上应该说是早于西方的，但美学思想作为独立的形态而存在却晚了西方至少 100 年。这显然与中国的美学思想一开始便与政治、伦理难分难舍，而西方的美学思想则借助哲学的利刃直击其本质有莫大的因缘。

美，虽容易感知，但若要追问什么是美，却又让人难以琢磨。孔子曰："知者乐水，仁者乐山。"这无疑道出了人们在进行审美活动时的千差万别。尽管现如今我们已经无限接近于美的本质，但在揭开真相的面纱之前，我们仍需要摸索前行。

所以柏拉图又说："美是难的。"

2.2 形式美的定义

前文中我们已经提到，原始人在生产劳动的过程中发现了美，此后人类便一直致力于揭开美的面纱。在梁隐泉和王广友所编著的《园林美学》一书中对此总结道："人类在自觉地、有意识地进行美的创造之前，他们的劳动产品就已经具有某种美的特性。当这种美的特性作为人的美感的对象在人类生活中大量出现之后，就会被人们千百次地感知、认识、掌握，其感性形式的大小、结构、样式等，经人们思维的抽象、概括、综合，便逐渐形成某种具有普遍意义的形式观念……"

可以想见，原始人处于一个未知、混乱、不安定的世界中，他们渴望在混沌中寻找秩序和稳定，因而人们最早的审美感受并非是对艺术作品的感受，而是对形式规律的把握和对自然秩序的感受。而这种经验在人们的思维意识中沉淀下来，成为了人类创造美的一般规律。所以我们在欣赏原始社会的一些诸如陶器之类的创作时，经常会看到对称、稳定、简洁、重复的构图要素，这种强烈的秩序感给予了人们安定感（图 2.2）。

而更有意思的是，很多这种原则和规律，不仅是通过长辈之于晚辈的经验传承，更是像注入了遗传基因一般，即使没有人教，你也能本能地感受到。这跟西伯利亚的红嘴鸥每年冬季的 11 月都会不远万里地飞到昆明

图 2.2　彩陶鱼鳍网纹船形壶
［图片来源：百度图片］

越冬并没有什么不同。举个简单的例子，原始人用树枝搭成了简单的窝棚用来遮风挡雨，这是缘于人们在反复的实践中发现三角形比其他形式更具稳定性，排水性更好，且简单易行。所以在人类建造技术不断进步的漫长过程中，始终没有抛弃过坡屋顶的形式，尤其是居住类建筑。乃至现代技术已经攻克了平屋顶排水的问题，大量平屋顶的现代建筑形式也貌似已经成为了我们如今的视觉主角，但是当你在脑海中构想一个家的形式的时候，大部分人都会下意识地描绘一个坡屋顶的房子。这是因为人们潜意识里对于家的感知已经根深蒂固地与若干年前那座简易的窝棚联结在了一起，这一点并不需要谁来引导你。所以即便如今坡屋顶的技术性功能已经不具备必然性，但仍然没有什么形式可以取代它作为一个"家"的

图 2.3　云南昆明的九夏云水别墅区
［图片来源：尤洋阳提供］

符号的象征性意义（图 2.3）。同样的，很多其他的形式观念也随着人们不断的生产实践积淀下来，成为创造美和判断美的基本法则。

那么什么是形式美呢？是否人类祖先所遗传给我们的所有关于美的感知都可以用形式美来概括？非也。实际上，形式美只是美学结构其中的一个层次。刘晓光在其所著《景观美学》中将美划分成了形式美、意境美和意蕴美 3 个层次，颇为合理。他论述形式美是作用于人的感官的直接反映，是人们最熟悉的美感形态，即形式所带给人悦耳悦目的感官愉悦，如被称为世界上最美的陵园的泰姬陵所呈现的对称规整之美（图 2.4）；意境美是统觉、情感与想象的产物，或称幻相美更为准确，如贝聿铭在

苏州博物馆的设计中，在一组庭院景观的处理上颇为精妙——他以白墙为背景，置以大小不同、颜色深浅不一的片石，观者除了感受图底对比、置石的主从等形式上的美感外，更多的是通过眼前的景观想象出了一幅指点江山、恣意泼墨的中国传统山水画的意境（图2.5）；而意蕴美则是人的心灵、情感、经验、体验共同作用的结果，是景观作为艺术的终极目的，如日本枯山水园林中典型的龙安寺石庭，白沙黑石，象征"一池三山"，当我们在庭院中静观时，便会体悟到其中沉静、永恒的特征，感受到生命的苦短和对宇宙恒长的钦慕等复杂的感情，这就是龙安寺石庭表面形式背后的深层意蕴（图2.6）。

图 2.4　形式美——泰姬陵
[图片来源：百度图片]

图 2.5　意境美——苏州博物馆庭院景观
[图片来源：百度图片]

图 2.6　意蕴美——龙安寺石庭
[图片来源：百度图片]

由此看来，形式美是美学结构的表层层次。应该说，一般情况下所有的意境美和意蕴美都必然首先具备形式美，但并非所有的形式美背后都会有更深一层次的意境美和意蕴美。而一个优秀的设计作品的终极目标必定是追求最高层次的意蕴美。理解了这层关系，将有助于我们在学习形式美法则的时候清楚地知道自己在学什么，并且不仅仅满足于形式层面的美感，而是有更高层次的探索。

此外，我们还必须分清形式美的法则和审美观念的区别。前者是普遍性和永恒性的法则，后者则是随着民族、地域和时代的不同而发展变化的，是较为具体的标准。所以我们经常困惑，既然存在着普适性的形式美法则，那么为什么西方的园林和中国的古典园林有着迥异的风格？为什么我们的着装和品味一直随着时代在变？这其实就是把形式美的法则和审美观念混为一谈了。

人们从远古时代就一直在探索和总结形式美的法则，根据前人的研究，我们可以将其归纳如下：多样与统一、主从与重点、对比与微差、对称与均衡、韵律与节奏、比例与尺度。时过境迁，这些法则如今依然适用，它们是指导我们设计活动最基础的层面，是所有初入设计这个奇妙世界的学子必然要接受的一场洗礼，接下来我们就为大家逐一剖析。

2.3　形式美的法则细分

2.3.1　多样统一——形式美的根本法则

美的观念，核心是和谐。

和谐一词，现在经常被用在形容社会关系，形容设计内容的组织原则。所谓的和谐，并非是千篇一律，而是指"自身不相似的声音的和谐统一"。举个简单的例子，当我们比较以电音和小提琴两个不同的音源发出的同一个音符，就会明显的发现，前者是平淡无味的，而后者则是声音组合的产物，显然更加美妙动听。对于小提琴来讲，我们所着意发出的音符称为基音，而其他出现的音符称为泛音，它们以一定的数学比率与基音交织在一起，被我们有意或无意的感知到。我们之所以觉得小提琴的声音更加美妙就在于它的丰富性，并且这种丰富性是在一个可控的秩序性之下所产生，这一点很重要，因为一旦丰富性所带来的复杂性盖过了秩序性，和谐就变成了杂乱无章。

所以我们看到，和谐其实就意味着复杂性和秩序性之间的博弈，而无论在何种境遇下，秩序性都应该占据着主导地位，这实际上也就是我们本节所要论述的主题——多样统一。

我们所处的自然界其实就是一个非常典型的多样统一的例子。彼得·F·史密斯先生在其《美观的动力学》一书中对此进行了十分深入且生动的剖析。比如，每一棵树的生长都有着强烈的随机性，但是每棵树都会遵循着树木的生长法则，树枝的分布是按照能够平衡其相当大的悬臂力的模式来进行的，同样，在枝条"知道"何时应该停止生长的方式上也存在着一致性，其结果是树木的外形就有可能是相当匀称而有序的。树种与树种之间的差异性是显而易见的，每一个树种内的每一棵树，又由于生长环境等因素的不同，也都是独一无二的，这构成了树木的多样性。然而每棵树都遵循着一定的分类学原则，以至于我们一眼便能看出来它是一棵树，这又构成了树木的统一性（图2.7）。多样统一的原则在动物界也同样适用。比如斑马身上的条纹，每一只斑马都有着独特的斑纹，但是所有斑马的条纹都处于一个普遍性的秩序之内，从而构成了我们辨别斑马这个物种的依据（图2.8）。

图2.7 昆明植物园中树木的多样统一性
[图片来源：李云提供]

图2.8 斑马条纹的多样统一性
[图片来源：百度图片]

回归到人类的建造活动，多样统一的规律同样无处不在。

古代的美学家认为，简单、肯定的几何形体可以带来美感，比如圆形、球体、正方形、立方体、正三角形、四棱锥体等。这个观点在古今中外的许多杰出作品中得到了验证，如古埃及的金字塔、古罗马的万神庙以及我国的天坛等。

而贝聿铭先生的代表作品之一——卢浮宫的金字塔则是现代设计作品中利用简单肯定的形体求得多样统一的典型案例。由于卢浮宫博物馆当时的状况已无法满足其功能需求而亟须扩建，贝聿铭先生接下了这样一个棘手的任务。这项任务最大的问题就在于，卢浮宫严谨的法国古典主义风格形成了其自身高度的完整性，哪怕多添一笔都显得十分多余。就在全世界都翘首以盼时，贝聿铭先生给出了一个让世界惊诧的答案。他将一个玻璃和钢组成的金字塔放在了广场的正中，与古老的卢浮宫形成了强烈的反差。金字塔初落成时引起了巴黎群众的强烈抗议，但是随着时间的推移，它却成了巴黎人最喜爱的建筑之一。究其原因，无非是新建的玻璃金字塔以其简洁肯定的形体与精致严谨的老卢浮宫构成了多样统一的整体。玻璃、钢材、石材构成了材料上的多样性，四棱锥的金字塔与老卢浮宫矩形的整体立面构成了形

图 2.9　卢浮宫金字塔
［图片来源：百度图片］

体上的多样性，而金字塔三角形的立面又与卢浮宫的山墙以及窗洞上三角形的山花装饰构成了符号上的统一，金字塔这种形式与生俱来的古典气质更是从精神层面上与古老的卢浮宫达到了完美的契合（图2.9）。

综上来看，无论是自然界还是人工产物，无论是自然生成还是有意为之，多样统一都是其不变的准则。而在各种园林景观设计作品中，尽管形式上的处理存在着很大的差别，但凡属优秀作品，也必然遵循多样统一的法则。因而，只有多样统一可称得上是形式美的基本法则，至于主从、对比、对称、比例、韵律等，都只是多样统一在某一方面的体现，它们的最终目的都是为了创造多样统一性，从而达到形式上的美感。

2.3.2　主从与重点

我们所处的世界往往能够给予我们很多启示，比如在对浩瀚宇宙的探索中我们发现，在太阳系中，地球和其他七个行星围绕着太阳公转，月亮又围绕着地球公转；又比如上一小节我们讲到的树木，其枝和干构成了分类学上的特征……这里的太阳与八大恒星、地球与月球、干与枝，都形成了一种主与从、重点与一般的秩序关系。需要注意的是，所有要素主从不分、平均分布，即使排列整齐，也难免会因为过于松散而失去统一性，多样性更是无从提及。借用彭一刚先生在《建筑空间组合论》中所举的例子可以很容易阐明这个论点——十六个完全相同的方块因排列形式不同可以产生不同效果，图2.10（a）因平均对待而显得松散单调，图2.10（b）则因为形成了主与从、重点与一般的关系而达到了多样统一。

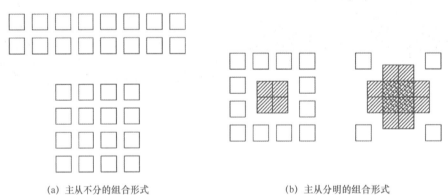

（a）主从不分的组合形式　　　　　（b）主从分明的组合形式

图 2.10　主从关系
［图片来源：作者根据彭一刚《建筑空间组合论》自绘］

而实际上在设计和营造活动中人们运用以上法则达到形式上的美感的例子不胜枚举。

大理喜洲的白族民居是西南地区民间营造艺术杰出的瑰宝，以"三坊一照壁"的平面布局形式最为典型，其吸取了汉式建筑的基本要素，并融入了本民族的文化特征。大门是整栋建筑处理的重点之一，最为典型的构造形式就是所谓的"三滴水"，中间的屋檐高且深远，细节处理丰富，左右各有一道小的屋檐，细节相对简略。这种明确的主从关系，层次分明，重点突出，很好地营造了入口空间的场所特征（图2.11）。

云南红河州的建水古城有座著名的古桥——双龙桥。其修建于清朝时期，因修有十七个孔洞而又被称为"十七孔桥"。桥上有三座飞檐式楼阁，中间一座大而壮观，两侧则尺度稍小，可谓楼中有楼，楼桥相应，蔚为壮观。该桥被认为是我国造桥史上的杰作，具有较高的艺术价值，究其原因，实乃其创作形式遵循了主从与重点的法则，使得整座桥梁看上去主次分明而又高度统一（图2.12）。当然，该桥在艺术创作手法上除了遵循主从与重点的法则，还不同程度地运用了对比、对称、韵律、比例与尺度等形式美的基本规律，在后面的小节中我们再具体讨论。

图 2.11　大理喜洲白族民居门楼
[图片来源：尤洋阳提供]

图 2.12　建水双龙桥
[图片来源：尤洋阳提供]

　　江南古典园林可谓我国造园艺术最高境界的体现。造园家计成曾在《园冶》中阐述了中国古典园林造园的艺术理想——虽由人作，宛自天开。这一点在江南园林中体现更甚，造园者们从大自然中汲取灵感，力求削弱人工痕迹。前文我们将美的结构分为 3 个层次：形式美、意境美、意蕴美。江南古典园林在形式上多为浑然天成，看不出太多"章法"，不像西方园林那样有明确的几何构图，它更多的展现的是意境美和意蕴美。但这并不意味着江南古典园林没有形式美，比如本节所讲的主从与重点，实为江南古典园林造园中惯用的手法。以上海的豫园为例，其园中的"玉玲珑"为江南三大名峰，充分展现了太湖石的瘦、皱、漏、透的特点。造园者在置石理景时，以玉玲珑置于构图重心，左右各置一体量稍小的石头，周边则散置一些碎石，夹以地被植物，形成了主、次、配的空间格局，层次丰富，重点突出，这也是成就其"江南三大名峰"盛名的原因之一（图2.13）。而同样的处理手法在豫园中随处可见，比如园中围墙转角处的处理，三块石头分别在纵向和横向空间铺陈，分别对应了主、次、配。加上与植物的组合，景虽小，却充分体现了"虽由人作，宛自天开"的精髓（图2.14）。

图 2.13　豫园玉玲珑
[图片来源：百度图片]

图 2.14　豫园转角理景
[图片来源：尤洋阳提供]

2.3.3　对比与微差

对比与微差，探讨的都是"差异性"。简单地讲，对比是指较大的差异，而微差是指较小的差异。而对比和微差又是相对而言的，到底多大的差异性表现为对比，多大的差异性表现为微差，本无绝对标准，在不同的环境中，对比和微差有可能会相互转换。一般来看，对比是指各要素之间显著的差异，更多的是体现形式美基本原则中多样性的一面；而微差则是指各要素之间细微的差异，更多的是体现形式美基本原则中统一性的一面。

在具体的操作手法上，形式上的对比和微差可以体现在形状、方向、体量、材质、色彩、明暗、虚实等方面。

所谓的形状，就是指方、圆、三角形等，或者再抽象一点就是点、线、面。比如前文所举的卢浮宫金字塔的例子，就是利用四棱锥形的金字塔和老卢浮宫方正的立面的强烈反差形成对比，或者如果把金字塔看成一个点，三面围合的老卢浮宫看成一条折线，那就是点和线的对比，而金字塔三角形的立面又和卢浮宫立面上的三角形山花构成了相似形的微差。所以从形状上来看，贝先生所设计的卢浮宫金字塔确实是通过对比和微差来达到多样统一的经典案例（图2.9）。

方向上的对比和微差也是对比手法中经常会用到的。如刚刚我们所讲的豫园围墙转角处置石的处理方式，主石整体上呈竖向伸展，而作为次和配的两块石头则呈横向卧伏，造园者就是有意识地利用方向上的对比和微差来达到突出主石的目的（图2.14）。

体量上的对比与微差，可以体现为大与小的差异性，空旷与闭塞的差异性等。陶渊明在其《桃花源记》中描述一个让人向往的世外桃源："晋太元中，武陵人捕鱼为业。缘溪行，忘路之远近。忽逢桃花林，夹岸数百步，中无杂树，芳草鲜美，落英缤纷，渔人甚异之。复前行，欲穷其林。林尽水源，便得一山，山有小口，仿佛若有光。便舍船，从口入。初极狭，才通人。复行数十步，豁然开朗。土地平旷，屋舍俨然，有良田美池桑竹之属。阡陌交通，鸡犬相闻。其中往来种作，男女衣着，悉如外人……"实际上陶渊明所描述的世外桃源之所以让人心动，很大程度上缘于其豁然开朗前的那段闭塞空间，正是这种体量上的巨大差异形成的对比加深了人们的心理体验，而进入山洞前夹岸数百步的桃花林，则是利用微差的手法渲染气氛，作高潮前的铺垫。这种奇妙的空间体验后来被广泛运用到我国古代的造园之中，被称为"欲扬先抑"。如苏州留园，其入口空间曲折、狭长，宽窄变化较小，是为微差，而进入到园区内后，顿觉空间豁然开朗，是为对比。实际上留园本不大，但是通过这种体量上的差异性处理之后，人们的心理感受被夸大了，这也是中国古典园林实现"小中见大"的方式之一（图2.15）。

材质上的对比与微差，可以是不同材料的质感差异，也可以是同一种材料的不同质感。如卢浮宫金字塔，就是利用了玻璃和石材的对比。

在很多情况下，不同的材质往往对应了一定的虚实关系，如园林景观要素中，玻璃、水体等为虚，石材、砖墙等为实。但虚实对比又不仅仅限于材质上的差异，以柯布西耶所设计的朗香教堂为例，其在大面积的实墙上开了若干大小不一的窗洞，这些窗洞与实墙之间的关系就是虚实的对比，而随着窗洞大小的不一，其虚实程度也不尽相同，这又表现为虚实的微差（图2.16）。

至于色彩上的对比与微差，简而言之，互补色为对比、相邻色为微差，如红和绿、黄和紫、橙和蓝即为互补色，而红和橙、黄和绿、蓝和紫即为相邻色（图2.17）。而明暗的对比与微差，既可以理解为色彩上的明度变化，也可以理解为利用光线所形成的空间上的明暗关系。利用光影的变化来塑造多变的空间是很多设计大师的拿手好戏，如图2.16所示，光线在厚重的窗洞上投下的阴影与教堂外表面白色的实墙构成了戏剧性的明暗对比。而留园中"欲扬先抑"的游览路径的组织之妙或许就在于——正是有了阴暗闭塞的酝酿，人们重见光明时才那么的欣喜，这就是欲扬先抑的效果。

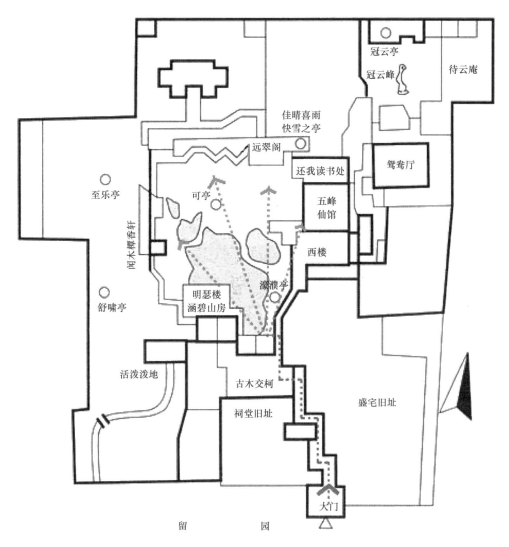

图 2.15　留园"欲扬先抑"的游览路径
［图片来源：尤洋阳整理提供］

图 2.16　朗香教堂
［图片来源：百度图片］

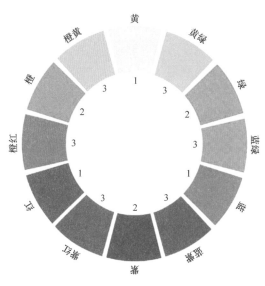

图 2.17　互补色与相邻色
［图片来源：百度图片］

2.3.4 对称与均衡

人们在长期适应自然、改造自然的过程中，积累了丰富的经验。比如像山那样下部大上部小是均衡稳定的，所以人们得以启示建造了堪称人类奇迹的埃及金字塔；又比如像树那样根部粗壮，树干向上逐渐变细，并且四周发散有更细的枝杈，人们认识到这也是均衡稳定的，所以得以启示建造了山西应县木塔这样高达九级却不用一颗钉子、并且在多次地震中屹立不倒的杰作（图 2.18 和图 2.19）。

图 2.18 埃及金字塔
[图片来源：百度图片]

图 2.19 山西应县木塔
[图片来源：百度图片]

我们这里所探讨的均衡，是形式美上的均衡，这同物理意义上的均衡是有一定差别的。物理意义的均衡一般是指各要素在某个特定支点的两侧保持力学上的均等关系。而形式美的均衡则一般是指视觉要素的大小、形状、颜色等特征作用于视觉判断的平衡，比如在平面构图中，我们往往会设计一个视觉冲击力最强的点或轴线，以这个点或轴线作为构图的支撑点，那么各个视觉要素围绕着该支撑点构成视觉意义上的平衡。由此看来，形式美的均衡是基于人们的主观判断，而人们的主观判断往往又来自于生活实践中经验的积累，故而它遵循着某些物理意义上的均衡的基本法则，所以金字塔不仅实际使用上是均衡稳定的，而且在人们的视觉感受上也同样是均衡稳定的。进一步来讲，人们的心理感受赋予了所有的视觉元素以不同的"重量"，所以我们才能借此评判一幅画、一个景观小品是否具有均衡稳定的品质。

对称是一种典型的均衡形式。可以说对称的形式天然就是均衡的，如树木的叶子、翱翔的鸟类、人体，以及基于人类对于对称形式美的认知所建造的各种建构筑物和园林景观，这些都具备均衡的完整统一性。一般情况下，对称的形态在视觉上都有一种安定、均匀、协调、稳重、庄重、肃穆、典雅的氛围，符合人们的传统审美，故而古今中外采用对称的构图形式进行设计的案例不胜枚举。如法国的凡尔赛宫就是一个典型的对称式设计的皇家园林，其严谨对称的几何式构图充分烘托了其至高无上的皇权地位。再比如昆明新建的长水国际机场，其整体布局，包括建筑的形式、室外环境的设计等都严格遵循了中轴对称的构图形式，大气典雅而又充满地域特色（图 2.20）。

然而，很多时候绝对对称的形式若处理不当很容易会给人生硬、死板的印象。故而我们的周围也会有很多非对称形式的均衡，与对称形式的均衡相比要显得更加轻松活泼。前文我们提到，人们的心理感受赋予了所有的视觉元素以不同的"重量"，而彼得·F·史密斯在《美观的动力学》一书中提出，一个元素被感知到的重量，可以归结为以下特性之一或者更多。

（1）与整个被感知到的参照系相关的大小。

（2）色彩的色调、亮度或明度。

图 2.20　昆明长水国际机场鸟瞰图

［图片来源：作者根据百度图片改绘］

（3）肌理的相对影响。

（4）象征性的联想。

（5）符号的关联。

（6）形状和内容的复杂性。

我们可以借梵高著名的作品《星空》来阐述一个完整统一的构图如何借助于各个元素的"重量"来达到非对称的均衡。画面上明黄色的月亮占据了右上角，其面积很小，却因其明亮的色彩而拥有着主导整个画面的信息强度，即重量。而这个重量除了色彩本身的感官刺激外，或许还源于月亮的形象给予我们的象征性联想以及月亮本身符号化的关联。画面左侧火焰状的柏树则是另一个重量级的元素，首先它在整个星空和远处村庄的参照系之下显得很大，其次其形状上的复杂性以及火焰形的象征性进一步加大了视觉上的重量，正因为如此，它才能和画面右上角的月亮构成该作品最基本的均衡。而夜空中的星星和山脚下小屋透出的灯光在形状的大小、色彩的明亮度及内容的复杂性上都不及以上两大要素，所以在视觉的重量上要轻得多，但这些元

图 2.21　梵高作品《星空》

［图片来源：百度图片］

素散布在画面的各个位置，构成了进一步的均衡。而漩涡状的星空、起伏的山脉则在笔触的肌理上与两大构图要素相呼应，加强了画面的均衡统一性（图 2.21）。

实际上，准确地掌握各个元素的视觉重量，并将它们以一个相对均衡的方式组织到构图中去，不光是用来进行绘画创作，在我们的各种园林景观设计活动中更是应用频繁。而究其本质，设计活动中对形式美的均衡法则的运用和梵高在创作《星空》时的创作过程并无二致。

2.3.5　节奏与韵律

节奏和韵律，原本都是用于音乐或诗歌。节奏本是指音乐中音响节拍轻重缓急的变化和重复，而韵

律本是指音乐或者诗歌的声韵和节奏，相同音色的反复及句末采用同韵同调的音来强化其节奏感实际上就是韵律的运用。可以说，人类爱好节奏和韵律的天性是促成音乐和诗歌这两种古老的艺术形式诞生的重要推手，但人类的这种天性所催生的产物却并不限于此。比如古希腊神庙中的柱廊、布达拉宫前拾级而上的台阶及其立面上不断重复的窗洞都强烈表达着人类对于节奏和韵律的喜好。所以不管是节奏还是韵律，所强调的都是同一元素或同几种元素以一定的规律重复出现所营造的美感——一般都具有条理性、重复性、连续性的特征。

因韵律已经包含着节奏的含义了，故在此我们将节奏和韵律所营造的形式美感统称为韵律美。彭一刚先生在《建筑空间组合论》中将韵律美总结为4种类型：第一种是连续的韵律，即以一种或几种要素以恒定的相互关系排列组成；第二种是渐变的韵律，即连续的要素在某一方面按照一定的秩序变化，如逐渐加长或缩短，变宽或变窄等；第三种是起伏的韵律，即渐变韵律按一定规律时而增加时而减小，有如波浪起伏，或具不规则的节奏感；第四种是交错的韵律，即各组成部分按一定规律交织、穿插而形成，各要素互相制约，一隐一显，表现出一种有组织的变化。接下来我们将以一些案例来表明这些韵律美是如何具体运用或组织的。

连续的韵律是我们日常生活中最为常见的一种韵律形式。比如拾级而上的台阶、沿路设置的路灯等，都是典型的连续韵律。位于云南腾冲的滇西抗战纪念馆，其入馆大厅的陈列设计颇具匠心。一进馆，迎面而来的是三面墙上呈矩阵式排列的1300顶钢盔，气势恢弘，瞬间恍若看见隔着历史尘烟悲壮而行的1300名入缅远征军。从形式上来讲，该设计便是以钢盔这个单一元素以等距的方式不断重复运用从而达到了连续的韵律美（图2.22）。

渐变的韵律也经常以不同的形式出现在我们周围，比如一颗石子激荡起的涟漪，一圈圈波纹由中心向周围衰减，这就是一个典型的渐变韵律。再比如我国常见的古塔，其出檐依据塔身轮廓逐层收缩，从而形成了丰富的外轮廓变化，这其实也是渐变韵律美的运用。而云南地区的许多古塔则别具特色，其塔身多为纺锤形，所以塔身出檐经历了一个由小到大，再由大逐渐收缩的过程，这使得渐变的韵律更加凸显，昆明的东寺塔便是这样一个典型（图2.23）。

图2.22　滇西抗战纪念馆——连续的韵律

［图片来源：尤洋阳提供］

图2.23　昆明东寺塔——渐变的韵律

［图片来源：尤洋阳提供］

起伏的韵律某种程度上可以算是渐变韵律的复杂化应用。如某公园的景观节点设计，其园路模拟蜿蜒曲折的流水形态，并与绿地及休息空间、园林小品巧妙结合，营造了一种极具动感的起伏韵律（图 2.24）。

交错的韵律所体现的有组织的变化在人们长期的生产实践中也反复地被使用。如各种编织物纵横交织，其纹理经常会表现出交错的韵律感。我国传统建筑中常用的木棂窗，也经常采用水平和垂直两个方向的构件互相穿插在一起构成具有交错韵律感的图案。而图 2.25 所展现的某公园的景观节点的设计，则是以红色的橡胶跑道和绿色的楔形草坪相互交错，构成了极富视觉冲击力的韵律美。

图 2.24　起伏的韵律
［图片来源：百度图片］

图 2.25　交错的韵律
［图片来源：百度图片］

2.3.6　比例与尺度

当我们在进行设计活动时，尤其是在进行园林景观或建筑小品的设计时，我们所面对的对象往往是一个三维立体的空间，在某些情况下至少也是一个二维的对象。而作为一个实用型的设计学科，我们所面对的这个空间或者对象一定是跟人的使用密切相关。比例和尺度，讨论的正是和人的使用体验直接关联的形式语言。

首先我们来看看比例。所谓的比例，就是指要素本身、要素之间或者要素与整体之间在度量上的制约关系，简单来讲，就是一个空间或对象在长、宽、高这 3 个维度上的尺寸比较。所以我们经常会问，一个台阶的高宽比合不合适？一个园林小品的长、宽、高是否和周围的环境相协调？

前人在反复的生产实践中已经总结了很多具有"美感"的比例。毕达哥拉斯学派所提出来的著名的"黄金分割"，就是一个存在于神奇的自然界的各个角落，又在设计建造中被人们频繁使用的比例关系。比如著名的帕提农神庙的正立面，其宽和高的比例就正好符合黄金比例，所以它一直被奉为美学史上的经典案例而一直为人们所称道（图 2.26）。除此之外，黄金分割还经常被用到绘画或者摄影的构图上，如著名的印象派画家莫奈的作品中就经常会体现出黄金分割的处理，现代的摄影师更是经常采用黄金分割的构图关系，将拍摄对象置于黄金分割点上以达到突出重点并营造视觉上的美感的目的。

除了黄金分割比，$1:1.1$、$1:\sqrt{2}$、$1:\sqrt{3}$ 等比例关系及具有确切比例关系的圆、正三角形、正方形等

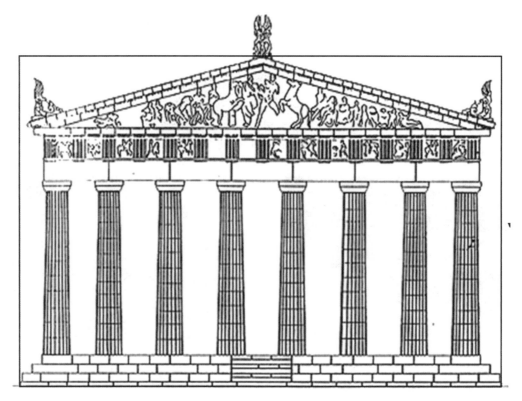

图 2.26　帕提农神庙中的黄金比例
［图片来源：作者根据百度图片改绘］

也经常被有意无意地运用到设计当中。比如我们大家都非常熟悉的美国苹果公司那个被咬了一口的苹果的 logo，它的设计就涵盖了黄金分割（黄金螺旋线）、正方形、圆形等极其精密的比例关系和图形，所以看似简单，其实却暗含玄机，精心的设计成功地实现了其时尚简约的美学定位（图 2.27）。

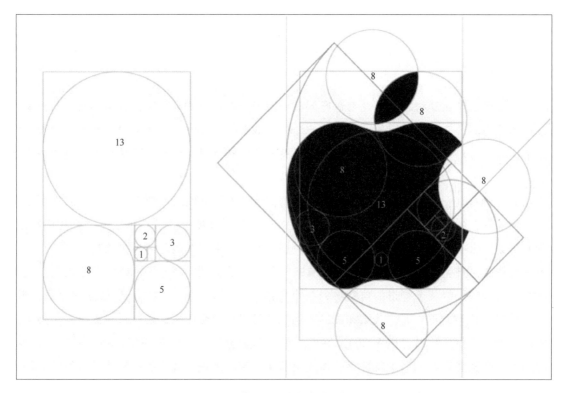

图 2.27　苹果 logo 中包含的比例关系
［图片来源：百度图片］

回归到我们这样一个应用型的设计学科，很多情况下设计对象的比例关系是受到各种因素所制约的，最为明显的就是材料的特性对于比例关系的影响。如西方的石柱，其柱径和高度的比例关系就比较敦厚；而中国的木柱，则相对就显得纤细，这很大程度上便是由石材和木材这两种不同的材料特性所决定的。同时，西方石柱的柱廊，其柱与柱之间的跨度相对其柱高显得较窄，而中国木柱的柱廊则相对显得跨度要开阔些，这同样也是受到了石梁和木梁这两种不同材料的跨越能力的限制（图 2.28）。

（a）石梁石柱　　　　　　　　　　　　　　　　　　（b）木梁木柱

图 2.28　比例关系对比
［图片来源：（a）百度图片；（b）尤洋阳提供］

除此之外，各民族、各地区的文化传统的差异往往也会导致不同的审美取向。如黄金分割比的运用，在西方世界中应用得更多，而在中国的传统文化中，1∶1 的比例则相对比较常见。中国传统文化强调"中正""不偏不倚"的中庸之道，所以出现了太极图案中两条体形完全均等的黑白鱼，而中国传统木构架建筑，很多时候其坡屋顶的高度和屋身高度的比例关系也接近 1∶1。这种对于比例的偏好深入骨髓，一直延续至今。举个有意思的例子，北京 2008 年奥运会所设计的火炬，其造型的设计灵感来源于中国传统的纸卷轴，火炬上半部分为中国文化符号中极具代表性的祥云图案，下半部分为中国红的手柄，这两部分的比例被故意设计成了 1∶1 的均等关系。而反观西方文化发源地的希腊，其 2004 年雅典奥运会上所设计的火炬，外形呈橄榄叶状，手柄是由橄榄树的原木色和金属材质搭配，线条流畅，极具设计感，十分典雅。细究可发现，其橄榄木部分和金属部分所占整个火炬的外观面积之比就非常接近于黄金比例，可见作为黄金分割最先提出来的地方，其对黄金比例的偏爱更甚（图 2.29）。

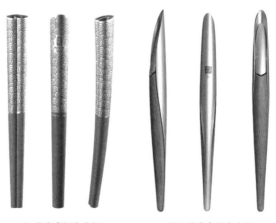

（a）北京奥运会火炬　　　　（b）雅典奥运会火炬

图 2.29　设计中比例关系的对比
［图片来源：百度图片］

我们再来看看尺度的问题。尺度实际上是一个和人的感受关系更加密切的概念，它所研究的是人们的使用对象的整体或局部给人感觉上的大小和其真实大小之间的关系。一般情况下，人们所感受的尺度应该正确反映其真实的尺寸，这也就是我们在设计时一直所强调的"真实性"和"准确性"。

一个显然的事实是，人们所使用的各种对象，小到一双筷子，大到一栋建筑、一个广场，都必然存在着尺度的问题。而像筷子、牙刷、桌子、椅子等之类日常用品往往为了方便人使用一般都和人体保持着相应的尺寸大小，这也就是我们经常提到的人体工程学。所以对于这类使用对象，我们都能形成正确的尺度感，一旦有任何违反正常尺度的东西，我们就能敏锐地觉察出来，比如一双长达 1m 的筷子会让我们感到非常惊奇。但是如果我们是身处于一个庭院，或者一个广场，我们的这种尺度感就不会如此敏锐了。彭一刚先生对此作了解释，一是因为我们身处于尺寸巨大的空间时就很难以自身的大小与其作比较；二是因为这些使用对象不同于筷子、桌椅之类的日常用品，很多时候都不是完全根据功能来决定其大小和尺寸的。所以作为一个设计者，我们应该认真考虑如何通过我们的设计来帮助使用者获得使用对象所应有的尺度感。

一般来讲，要反映真实的尺度感，最有效的方法就是通过环境中的恒定因素来做参照系。比如室内外空间中经常会出现的台阶踏步，因其首先必须满足人的通行，故相对来说尺寸比较恒定。再比如说栏杆扶手，因其高度必须在保证安全的前提下满足人们的倚靠，且有相关的法律规范对其做了严格的尺寸限定，故而它也是室内外空间中比较常见的恒定因素。设计者在设计时有意识地利用这些恒定因素来组织空间，使它们成为空间中的尺度参照系，便可以有效地向使用者传达真实的尺度感。

但在某些特殊情况下，设计者也会有意识地反其道而行之，以创造意想不到的空间效果。中国传统园林的规划布局就非常喜欢利用"尺度错觉"来营造空间。

图 2.30　无锡寄畅园
［图片来源：尤洋阳提供］

中国传统园林，尤其是江南私家园林，十分讲求"小中见大"。造园者常用借景、障景及缩小景物尺寸等手法力求于方寸间表现出大自然的千丘万壑、清溪碧潭、风花雪月、光景常新。明代造园家计成在《园冶》中强调"咫尺山林，多方胜景"。实际上就是道出了在小尺寸空间中营造大空间尺度的奥义。如我们前文所提到的苏州留园，其园区布局采用了"欲扬先抑"的手法，使得人们先经过一段闭塞曲折的空间，当主体空间突然展现时，便会由于强烈的对比而获得了超然于其实际尺寸的尺度感。而无锡寄畅园，则属于江南古典园林中借景的经典案例，造园者巧妙布局，将园外的惠山和锡山之景收入园内，同样也获得了超然的尺度感（图 2.30）。

2.4　作业与思考

请测绘一个已建成的园林实例或抄绘一个园林设计方案，并用图文结合的形式对其进行形式美的分析，要求所选案例中至少包含两种以上形式美的法则。

第3章 园林要素

构成园林实体的四大要素为地形、水体、植物、建筑小品。任何完整的园林设计几乎都离不开对这四大要素的考虑和斟酌。风景设计者通常利用各种自然设计要速来安排和创造室外空间，以满足人们的需要、享受及审美情趣。因此，良好地把握这四大要素的功能特性以及运用方法，是成功的园林设计的前提条件。

3.1 地形

地形是指地球表面在三维方向上的形状变化，一般而言，凡园林建设必先通过土方工程对原地形进行改造，以满足人们的各种需要。在园林设计四大要素中，地形是首要要素，也是其他诸要素的依托基础，是构成整个园林景观的骨架。同时地形也是所有室外活动的基础，可以认为它在设计的运用中既是一个美学要素，又是一个实用要素。本章主要论述地形的图面表达方式、地形的类型，以及地形在园林规划设计中的功能作用。

3.1.1 地形的图面表达方式

为了更有效地在园林设计中运用地形，首先要对各种表达地形的方法有一个清楚的了解。常用来描绘和计算地形的一些方法包括等高线、高程点和线影表示法、明暗度、色彩、数字表示法、三度模型，以及计算机图解法、坡度标注法等。以上每一种方法在象征地形时，都具有不同的特点和用途。

1. 等高线表示法

等高线表示法是最基础、最常用和最广泛的方式。以某个参照水平面为依据，用一系列等距离的假想的水平面切割地形后获得交线的水平正投影图表示地形的方法（图3.1）。从理论上讲，如果用一个个相互平行且等距离的水平面将其剖开，等高线应该显示出一种地形的轮廓。不过我们应该清楚，等高线仅是一种象征地形的假想线，它在现实中是不存在的。

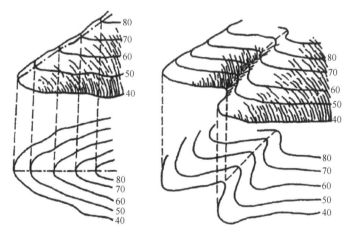

图 3.1 等高线示意图
［图片来源：百度图片］

两相邻等高线切面之间的垂直距离即为等高距。等高距是一个常数，它常标注在图面上。例如，一个数字为 5m 的等高距，就表示在平面上的每一条等高线之间具有 5m 的海拔高度变化。水平投影图中两相邻等高线之间的水平距离称为等高线平距。在地形等高线图中，只有标注等高线平距和比例尺后才能揭示地形状况。

在使用等高线时，宜谨记如下基本原则。

(1) 原地形等高线应用短虚线表示。

(2) 改造后的地形等高线用实线在平面图上表示。为园址某一部分添加土壤称为"填方"；而在园址上移走某一部分土壤称为"挖方"。

（3）所有等高线总是各自闭合的。如果在平面地形图中见到没有闭合的等高线，则表示等高线在设计园址外闭合，而并非不闭合，只是平面图中不显示而已，最后它仍会形成一条封闭的环形线。

图 3.2　等高线决不交叉除非是垂直面等高线
［图片引自：诺曼·K·布思．风景园林设计要素．
北京：中国林业出版社，2006］

（4）等高线一般不相互交叉重合，除非是基地中有异常陡峭的垂直面（图 3.2），或者表示的是一个挑悬物或某一座固有桥梁。

等高线在平面图上的分布、位置以及特征，同符号词汇一样，可作为我们了解分析某一地形的标记。在平面图上等高线的水平距离表示一个斜坡的坡度，具有一致性。如果等高线的间距相等，则表示均匀的斜坡；不相等，则表示不规则的斜坡。山谷在平面图上的标志是等高线向较高数值等高线弯曲；相反，山脊在平面图上的标志，则是等高线向较低数值的等高线弯曲。

2. 高程点标注法

在剖面图或平面图上，高程点标注法是另一种表示海拔高度的方法，即在表示地形图中某些特殊地形点时，可用圆点或十字标记这些点，并在标记旁注上该点的高程（图 3.3），前面已经提到，等高线是由整数来表示的，而高程点的数值一般不为整数，因而常用小数来表示。

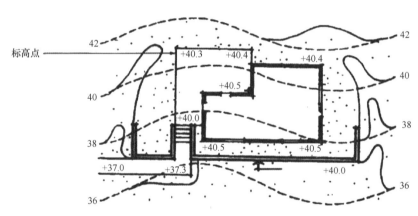

图 3.3　高程点标注法
［图片引自：诺曼·K·布思．风景园林设计要素．北京：中国林业出版社，2006］

3. 线影表示法

线影是另外一种在平面图上表示地形的图解工具。线影即蓑状线，是在等高线之间与坡面走向一致的短而不相连的线。它们均垂直于等高线。线影表现法即先轻轻地画出等高线，再在等高线间加上线影（图 3.4）。蓑状线的密度和粗细对于描绘斜坡坡度而言是一种有效的方式。蓑状线越密、越粗，则坡度越陡。除此之外，蓑状线还可用在平面图上以产生明暗效果，从而使平面图产生更强的立体感。一般而言，表示阴坡的蓑状线暗而密，而表示阳坡的蓑状线则明而疏。线影与等高线相比较更形象，但却不准确，所以它常用在直观性园址平面图上或扫描图上。由于蓑状线的特性较笼统，而且它们在地平面上遮蔽了大多数细部，因此应避免将其用在地形改造图或其他较详细的工程图上。

4. 明暗与色彩表示法

明暗调和色彩最常用在海拔立体地形图上，用不同的浓淡或色彩表示高度的不同增值（图 3.5）。在海拔地形图上，每一种独立的明暗调或色彩表示一个地区地面高度介于两个已知高度之间。

只有明暗色调层次渐进和均匀，整个海拔图的效果才最佳。海拔高度的变化范围在增值上是保持恒定的，这样可准确地在海拔图上描绘出总体地形。

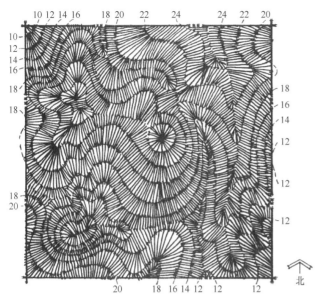

图 3.4 线影表示法示意图
［图片引自：诺曼·K·布思. 风景园林设计要素.
北京：中国林业出版社，2006］

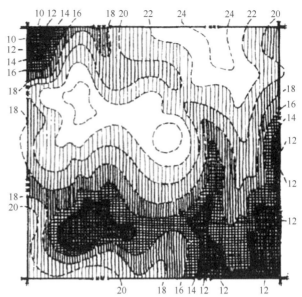

图 3.5 高度变化明暗
［图片引自：诺曼·K·布思. 风景园林设计要素.
北京：中国林业出版社，2006］

5. 模型表示法

模型是表示地形最直观有效的方式，模型不仅可进行广泛的交流，同时也是一种畅销的工具。不过，模型通常庞大而笨重，不利于保存和运输，而且制作起来费时耗资。制作地形模型的材料可以是木板、陶土、软木、泡沫板、聚苯乙烯酯或者厚硬纸板。制作材料的选取必须根据模型的效果预想以及所表示的地形复杂性来做出决定（图 3.6）。

6. 计算机绘图表示法

运用现有的一系列计算机绘图软件，可以建立和原地形地表形状相一致的电子模型，同样，也可以建立地形改造后的设计地形电子模型，对于设计者而言可以在屏幕上从任意视角来观察和体验地形的三维形态，甚至可以制作成多媒体动画，以便于连续地、实时地看到地形变化的印象，并根据它进一步调整设计地形。除此之外，某些软件还可将土方原地形和设计地形作比较，计算机可以自动地计算出土方工程量，使工程技术人员从繁杂的手工土方工程量计算中解脱出来，这样可以使工作效率大大提高。因此，对于设计师和工程师而言，该方法的潜在用途可以说是极为广泛的（图 3.7）。

图 3.6 模型表示法
［图片来源：百度图片］

图 3.7 计算机绘图表示法
［图片来源：谷歌地球］

7. 比例法和百分比法

比例法地形的表示除了可用几种图示法和模型法外，在室外空间设计中，也常用两种数学法来表示斜坡的倾斜度。比例法，顾名思义就是通过坡度的水平距离与垂直高度变化之间的比例来说明斜坡的倾斜度，其比例值为边坡率（如 4：1、2：1 等）。通常，第一个数表示斜坡的水平距离，第二个数（通常将因子简化成 1）则代表垂直高差。另一种用数学方式来表示坡度的方法称为百分比法。坡度的百分比通过下式而获得，即斜坡的垂直高差除以整个斜坡的水平距离。记忆该方法的一个普通法则就是：上升高/水平走向距离＝百分比。

3.1.2 地形的类型

地形可通过各种途径来分类和归纳，这些途径包括地形的特征、规模、地质、坡度构造以及形态。而在各地形的分类途径中，形态是有关土地的视觉和功能特征的重要因素之一。从形态的角度来看，景观就是实体和虚体的一种连续的组合体。实体是指那些空间制约因素（也即地形本身），虚体是指景观给人们的各种感觉，开阔空间是指各种实体所围合成的空旷地域。在外部环境中，虚体和实体在很大程度上是由凸地、平地、凹地、山脊以及山谷所构成的。这些地形类型常以彼此相连、互助补足、相互融合的结合形式表现出来。

1. 平坦地形

理论上的平坦地形，指的是任何土地的基面在视觉上与水平面相平行。而实际上在外部环境中，绝无完全意义上的水平的地形统一体。我们所说的平坦是地形起伏坡度很缓，最为简单和安定，其坡度小于一定的值，地形的变化不足以引起视觉上的刺激效果（图 3.8）。因此，这里所使用的"平坦地形"的术语，指的是那些总的看来是"水平"的地面，即使它们有微小的坡度或轻微的起伏，也都包括在内。

稳定 愉快 中性 平静 重心平衡

图 3.8 平坦地形视觉效果
[图片引自：诺曼·K·布思.风景园林设计要素.北京：中国林业出版社，2006]

平坦地形本身存在着一种对水平面的协调作用，它能使水平造型和水平线成为协调要素，使它们很自然地符合外部环境。水平地形的视觉中性，使其具有宁静性和悦目性。这些特性使得平坦地形成为静水体存在的合适场所。另一方面，水体的这种宁静的特性，增强了该地形的观赏特性。水平地形的宁静特性，使其自身成为其他引人注目的物体的大背景。也正基于此，任何一种垂直线型的元素，在平坦地形上都会成为一种突出的元素，并成为视觉焦点。

水平地形除能作为中性背景外，还可被称为具有多方向特性的地形。许多园林设计师都感到，在水平地形上进行设计，比在那些具有明显坡度和海拔高度的基址上更困难。这是由于水平地形上的设计具有更多的选择性。

水平地形创造了一种开阔、空旷、暴露的感觉，看不到封闭空间的迹象，没有私密性，更没有任何可蔽挡噪声、不悦物以及遮风蔽日的屏障。因此，为了解决其缺少空间制约的问题，我们必须将其加以改造，或给它加上其他要素，如植被和墙体。

平地有利于营造植物景观。园林草本地被植物与树木在平地上可获得最佳的生态环境，能创造出四季不同的季相景观。要形成合理的生态植物群落也要与地形充分融合，使其相辅相成。一般的平地植物空间可分为灌草丛空间、草坪空间、林下空间以及疏林草地空间等，这些空间形态都能够在平地条件下获得最好的景观表现。对地面的起伏、形状、变化等进行一系列的处理，都能获得扑朔迷离、变化多端的植物景观效应。

现代公共园林中宜设置一定比例的平地，以便于群众性的活动及风景游览的需要。园林中，需要平地条件的规划项目包括：草坪与草地、建筑用地、园景广场、花坛群用地、停车场、集散广场、回车场、旱冰场、游乐场、露天舞场、露天剧场、露天茶室、苗圃用地等。

从地表径流的情况来看，平地的径流速度最慢，有利于保护地形环境，减少水土流失，维持地表的生态平衡。

但是，在平地上要特别注意排水通畅，地面避免积水。为了排除地面水，平地也宜具有一定坡度。坡度大小可根据排水坡度和地被植物覆盖情况而定。但另一方面，也应避免单向坡面过长，否则会加快地表役流的速度，造成严重的水土流失。因此，把地面设计成多面坡的平地地形比较合理。

总而言之，平坦的地形具有多方向发展的统一性和扩张性。是每一处园林绿地都不能缺少的。为了满足游人游览、活动的需要，每一处园林中都应有足够面积的平地地形。

2. 凸地形

凸起的地貌相对于平坦地形地貌而言，极具动感和变化，在一定区域内形成视觉中心（图3.9）。其最好的表示方式，即是以环形同心的等高线布置围绕所在地面的制高点。凸地形的表现形式有土丘、山峦、丘陵以及小山峰，它一方面可组织成为观景之地；另一方面因地形高处的景物往往突出、明显，又可组织成为造景之地。另外，当高处的景物达到一定体量时还能产生一种控制感。

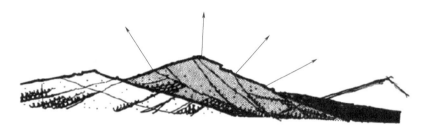

图3.9　凸地形能作为景观的焦点
[图片引自：诺曼·K·布思．风景园林设计要素．北京：中国林业出版社，2006]

与平坦地形相比较，凸地形是一种具有进行感和动态感的地形，它是现存地形中，最具抗拒重力而代表力量和权力的因素。例如，颐和园万寿山山腰上的佛香阁在广阔的昆明湖的衬托之下形成的控制感，象征了当时至高无上的封建皇权。

如果在凸面地形的顶部焦点上布置其他设计要素，如树林或楼房，那么凸面地形的这种焦点特性就会更加显著。如此一来，凸地形的视觉高度将增大，从而使其在周围环境中显而易见，并能更加突出其重要性。

凸地形在视觉上高度的增强还可借助于那些与等高线相垂直的造型和线条；相反，那些缠绕于凸地形，并与等高线相平行的造型和线条，则会削弱其视觉高度（图3.10）。凸面地形的另一个特性是，任何一个立于该凸地顶部的人，将自然地感到一种外向性。根据其高度和坡度的陡峭，可以在低处找到被

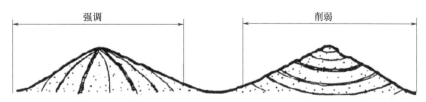

图3.10　垂直于等高线的线形强调凸地形和平行于等高线的线形削弱凸地形
[图片引自：诺曼·K·布思．风景园林设计要素．北京：中国林业出版社，2006]

观赏点，吸引鸟瞰和视线向外。由此可见，凸部地形通常可提供观察周围环境的更广泛的视野。基于这一原理，我们可以说凸地形乃是最佳的建筑场所。

总之，凸地形能够普遍适用于许多造园情况。可以把它用作主峰的配景、土山的余脉或平地的外缘，也可以用来作为障景、背景或隔景；还可以用它组织园内交通，以防止游人随意穿越绿地。在进行造园构图时，要注意地形的方圆偏正和地势的高低环曲。可根据具体地形条件、削高填低、有补有增、有去有减，但应尽量少动土方，尽量使园中土方的调配趋于平衡。

3. 凹地形

如果地形低于周围环境地形，则视线通常较封闭，其封闭程度决定于凹地的绝对标高、坡面角、脊线范围、建筑高度和树木等，空间呈积聚性，此类地形称为凹地形。凹地形的低凹处能聚集视线，可用来精心布置景物。凹地形坡面，可布置景物，也可观景。

凹地形和凸地形相反，两个凸形地貌相连接形成的低洼地形具有一定的尺度闭合封闭效应。人类最早的聚居区和活动空间往往就是在这种凹形地貌中，如我国的几大盆地，多为富饶的众民之地，凹形地貌周围的坡度限定了一个较为封闭的空间，这一空间在一定尺度内易于被人类识别，而且给人们的心理带来了某种安全和稳定的感觉。

凹地形在景观中是一种空间而非一片实地。当其与凸面地形相连续时，可完善地形布局。凹面地形的形成可以通过挖方填方形成（图3.11）。

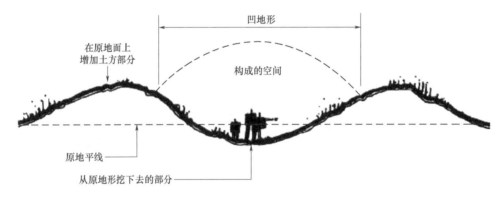

图3.11 在平地上创造凹地的方法

[图片引自：诺曼·K·布思. 风景园林设计要素. 北京：中国林业出版社，2006]

凹面地形具有不受外界干扰和内向性的特性。它可将处于该空间中的任何人的注意力集中在其底层中心。凹地形通常给人一种分割感、私密感和封闭感，在某种程度上也可起到不受外界侵犯的作用。不过，这种所谓的安全感却是一种虚假现象，这是因为凹面地形极易遭到环绕于其周围的较高地面的袭扰。

由于凹地形具有内倾性和封闭性，从而成为理想的表演舞台，人们可从该空间的四周斜坡上观看到地面上的表演。正因为如此，那些露天剧场或其他涉及观众观看的类似结构，一般都修建在有斜坡的地面上，或自然形成的洼地形之中。

凹地形除上述特点之外，还有其他一些特点。它可躲避掠过空间上部的狂风，有避风功能。另外，凹地形又好似一个太阳取暖器，由于阳光直接照射到其斜坡而使地形内的温度升高，使得凹地形与同一地区内的其他地形相比更暖和，更少风沙，特别是在我国北方的一些地区起到了很大的作用。不过，尽管凹地形具有宜人的小气候，但它还是有缺点，即比较潮湿，而且在较低的底层周围尤为如此。凹面地形内的降雨如不采取措施加以疏导，就会流入并淤积在低洼处。这样，凹地形又增加了一个潜在的功能，即可作为一个永久性的水池、湖泊，或者作为一个暴雨之后暂时用来蓄水的蓄水池。在园林工程中，凹地面的坡度及排水区面积是设计的要点。

3.1.3 地形的功能

在城市园林绿地规划与建设中，地形是各种造园要素的依托基础和底界面，是构成整个园林景观的骨架。地形以其极富变化的表现力，赋予园林景观生机和多样性，使之产生丰富的景观效应。园林地形的起伏变化可起组织空间、背景、隔景、障景等作用，还可起到改善植物种植条件，提供干、湿以及阴、阳、级、陡等多样性环境的作用。利用地形自然排水，形成水面，提供多种园林用途，同时具有灌溉、防灾、抗旱作用；还可创造园林活动项目，组织园林空间，形成优美的园林景观等。

1. 分隔空间

地形可以利用许多不同的方式创造和限制外部空间。当使用地形来限制外部空间时，下面 3 个因素在影响我们的空间感上极为关键：空间的底面范围；封闭斜坡的坡度；地平天际线。

第一个影响因素是底面范围。所谓空间的底面范围，指的是空间的底部或基础平面，它通常表示"可使用"范围。它可能是明显平坦的地面或微起伏的，并呈现为边坡的一个部分。一般说来，一个空间的底面范围越大，空间也就越大。

第二个影响因素是坡度。坡面在外部空间中犹如一道墙体，担负着垂直平面的功能。斜坡越陡，空间的轮廓越显著。

第三种影响因素是地平天际线，它代表地形可视高度与天空之间的边缘。我们将这条线当做斜坡的上层边缘或空间边缘，至于其大小如何无关紧要。地平轮廓线和观察者的相对位置、高度和距离，都可影响空间的视野，以及可观察到的空间界限。

园林师能运用上述这 3 种变化因素来限制各种空间形式，从小的私密空间到宏大的公共空间，或从流动的线形谷地空间到静止的盆地空间，都是以底面积、坡度、天际线的不同结合来塑造出空间的不同特性。例如，采用坡度变化和地平轮廓线变化，而使底面范围保持不变的方式，便可构成 3 个具有天壤之别的空间（图 3.12）。同样，也可变换底面范围来构成特性相异的空间。如前所述，相对水平的底面可形成稳定的空间，一个人在一块倾斜的地面上待之过长，就会有不舒适感，从而使他不得不向另一位置移动。对于限制、影响顶平面而

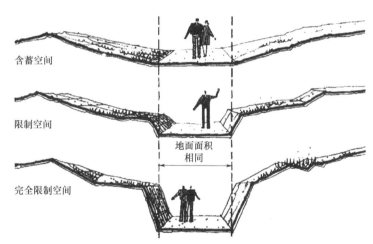

含蓄空间

限制空间

地面面积
相同

完全限制空间

图 3.12 即使不改变底面积也能创造出不同的空间限制
[图片引自：诺曼·K·布思. 风景园林设计要素.
北京：中国林业出版社，2006]

言，地形可以说是很难办到，除非形成一个窑洞（这种情形极少），否则地形不可能对一个外部空间的顶部有所控制。

为了构成空间，或完成其他功能，如地表排水、导流或左右空间中的运动等，地表层决不应形成大于 50% 或 2:1 的斜坡。一般说 2:1 的斜坡比例，乃是地表土壤堆筑的最大绝对极限。斜坡超过 2:1 的比例，若不在其上筑起石块或其他硬质、不受腐蚀的材料，那么这些斜坡极易产生侵蚀现象。即使是 2:1 的斜坡，也必须覆盖地被植物和其他植物，以防止其水土流失。

2. 控制视线

由于空间的走向，人们的视线便沿着最小阻碍的方向通往开敞空间。为了能在环境中使视线停留在

图 3.13 增高两侧地形以引导视线
[图片引自：诺曼·K·布思. 风景园林设计要素.
北京：中国林业出版社，2006]

某一特殊焦点上（图 3.13），我们可在视线的一侧或两侧将地形增高，形成如图 3.13 的地形类型。在这种地形中，视线两侧的较高地面犹如视野屏障，封锁了任何分散的视线，从而使视线集中到景物上。

地形也可被用来"强调"或展现一个特殊目标或景物。毫无疑问，置放于高处的任何目标，即使距离比较远也能被观察到。同样，处于一个谷地边坡或脊地上的任何目标，也同样容易被谷地中较低地面或对面斜坡上所看到。

地形的一个与上述相关的作用，是建立空间序列，它们交替地展现和屏蔽目标或景物。这种手法常被称为"断续观察"或"渐次显示"。当一个赏景者仅看到了一个景物的一个部分时，对隐藏部分就会产生一种期待感和好奇心。此时赏景者为部分目标所戏弄，而想尽力看到其全貌，但他不改变位置是不能看到整个景物的，在这种情形下，赏景者将会带着进一步探究的心理，竭力向景物移动，直到看清全貌为止。

3. 影响导游路线和速度

地形影响导游路线和速度地形可被用在外部环境中，影响行人和车辆运行的方向、速度和节奏。一般说来，运行总是在阻力最小的道路上进行，从地形的角度来说，就是在相当平坦、无障碍物的地区进行。在平坦的土地上，人们的步伐稳健持续，无需花费什么力气。随着地面坡度的增加，或更多障碍物的出现，游览也就越发困难。为了上下坡，人们就必须使出更多的力气，时间也就延长，中途的停顿休息也就逐渐增多。所有这一切最终导致了尽可能地减少穿越斜坡的行动。如果可行的话，步行道的坡度不宜超过 10%。

上述几个原则的另一运用情况，是在设计中改变运动的频率。如果设计的某一部分，要求人们快速通过的话，那么在此就应使用水平地形。而另一方面，如果设计的目的，是要求人们缓慢地走过某一空间的话，那么，斜坡地面或一系列水平高度变化，就应在此加以使用。当人们需要完全留下来时，那就会又一次使用水平地形。

4. 改善小气候

地形在景观中可用于改善小气候。从采光方面来说，为了使某一区域能够受到冬季阳光的直接照射，并使该区域温度升高，该区域就应使用朝南的坡向。地形的正确使用可形成充分采光聚热的南向地势，从而使各空间一年中大部分时间都保持较温暖和宜人的状态。从风的角度而言，凸面地形、脊地或土丘等，可用来阻挡刮向某一场所的冬季寒风。

5. 美学功能

最后一点，地形可被当做布局和视觉要素来使用。在大多数情况下，土壤是一种可塑性物质，它能被塑造成具有各种特性、具有美学价值的悦目的实体和虚体。地形不仅可被组合成各种不同的形状，而且它还能在阳光和气候的影响下产生不同的视觉效应。阳光照射某一特殊地形，并由此产生的阴影变化，一般都会产生一种赏心悦目的效果。

当我们从美学的角度去塑造地形时，需牢记一条原则：地形需具有一种能与园址或地区的总体外观相协调的特点。例如，一个边缘清晰的地形，将不可能与一个具有起伏山坡和缓坡的场所相协调。因此，新型的或有层次的地形，应该看上去是有所归属的。这一点在将斜坡和土堆与原有斜坡相融合时尤为重要。若非有意，则平面之间的清晰边缘，在用土壤本身进行平整时，必须加以消除。在平面规划图上，这一点通过将等高线在改变方向时的拐角或交叉处，绘制成圆滑曲线即可完成。在横断面处，斜坡顶部必须造型成一个凸面斜坡，而斜坡底部或根部则必须平整成一个凹面斜坡。使用这种方法，就可创造出一种在视觉上感到流畅舒适的平面或斜坡间的过渡。同样，土堆也不宜堆积成具有尖锐顶部的形状，否则它将不堪入目，并且极易导致水土流失。

3.2　水体

水是用于园林设计和室外环境设计的自然设计因素。水是变化较大的设计因素，它能形成不同的形态，如平展如镜的水池、流动的叠水和喷泉。水除能作为景观中的纯建造因素外，还能有许多实用功能，如使空气凉爽、降低噪声、灌溉土地，还能提供造景的手段。本章主要讨论水在室外环境中的其他功能和视觉上独具的特征，以及在园林设计中所采用的不同形态。

3.2.1　水的特性

水具备许多自然特性，这些特性用于园林设计中影响着设计的目的和方法。

1. 水的可塑性

除非结冰，否则水天然是液体，其本身没有固定的形状，水形是由容器的形状所决定的。同体积的水能有无穷的、不同的变化特征，都取决于容器的大小、色彩、质地和位置。在此意义上，一个人要设计水体，而实际上是设计容器。所以，做一定形状的水体，必须首先直接设计容器的类型，这样才能得到所需要的水体形象。水的外貌和形状受到重力的影响，例如由于重力作用，高处的水向低处流，形成流动的水。而静止的水也是由于重力，使其体保持平衡稳定，一平如镜。

2. 水的形态

根据水体的状态不同，可将水分成两大类：静水和动水。

静水是不流动的、平静的水，一般能在湖泊、水塘和水池中或在流动极缓慢的河流中见到。静水的宁静、轻松和温和，能使人在情绪上得到宁静和安详。面对一平如镜的水，人们极易陷入沉思之中。情绪也得到平衡，烦恼也会被驱出。在历史上，17 世纪法国文艺复兴时期的园林和 18 世纪英国式园林，都很重视静水的安排。虽然在这两种类型的园林中，静水有着不同的形态，其作用都是为了强调景观，形成景物的倒影，以加强人们的注意力。

动水常见于河流和溪流中，以及瀑布、叠落的流水和喷泉。动水与静水相反，流动的水具有活力，令人兴奋和激动，加上潺潺水声，很容易引起人们的注意。波光晶莹，光色缤纷，伴随着水声淙淙，令人兴奋欢欣。流水具有动能，在重力的作用下由高处向低处流动。高差越大，动能越大，流速也越快。历史上，在意大利 16 世纪文艺复兴时的台地园和法国凡尔赛宫的喷泉，都说明了动水在园林中的重要作用。动水在园林设计中有许多用途，最适合用于引人注目的视线焦点上。

3. 水的声音

水的另一个特性是当其流动时或撞击某实体时会发出音响。依照水的流量和形式，可以创造出多种多样的音响效果来完善和增加室外空间的观赏特性。而且水声也能直接影响人们的情绪，能使人平静温和，也可以使人激动、兴奋。海边浪涛有节制的声响，令人安详平静，而瀑布的阵阵轰鸣，令人冲动激昂。水声包括涓涓细流、噗噗冒泡、喷涌不息、隆隆怒吼、澎湃冲击或潺潺做声等各种迷人的音响效果，当然，水的声响还远不止这些。

4. 水的倒影

水的另一个值得注意的特征，是水能不夸张地、形象地映出周围环境的景物。平静的水面像一面镜子，在镜面上能再现出周围的形象（如土地、植物、建筑、天空和人物等），所反映的景物清晰鲜明，如真似幻地令人难以分辨真伪，当水面被微风吹拂，泛起涟漪时，便失去了清晰的倒影，景物的成像形状碎折，色彩斑驳，好似一幅印象派或抽象派的油画。

3.2.2 水的用途

水在室外空间设计和布局中有许多作用，有些用途与设计中的视觉方面有直接的关系，而另一些则是属于实用上的需要。

1. 提供消耗

水可供人和动物用于消耗。虽然这与整个设计并无直接关系，但是这些因素中的确存在着消耗水的因素，所以水源、水的运输方法和手段对于水的使用价值，变成了设计决策的关键。

2. 供给灌溉

水常具有的实用功能是用来灌溉稻田、花园草地、公园绿地以及类似的地方。此外也可将肥料溶于水中，凭借灌溉系统来施肥，这种方法既方便又可节省时间和费用。有灌溉系统的草地能经受得起超量的使用，因为草坪在水源充足的条件下，生长健壮繁茂。

灌溉有 3 种类型：喷灌、渠灌、滴灌。喷灌是园林中最常用的一种方法，是装置喷头系统，喷洒水来浇灌植物，这种方法需要永久性埋于地下的管道系统；渠灌则较简单，但被灌溉区域必须有一起坡度自流；滴灌是在地面或地下安置灌水装置，使水点滴地，缓慢持续地灌溉植物。滴灌最适合单体植物的灌溉，比如滴灌一单株植物就胜过灌溉大面积的草地，比较上两种灌溉方法，滴灌是最有效而且最节约水的灌溉方法。

3. 对气候的控制

水可用来调节室外环境空气和地面温度。大家知道，大面积的水域能影响其周围环境的温度和湿度。在夏季，水面吹来的微风让人感到凉爽；而在冬天，水体能保持附近地区更加温暖。这就使在同一地区有水面与无水面的地方有着不同的温差。例如，在大面积的湖区。这种现象能提高 1 月的平均温度大约 5℃；相反，在同一地区的 7 月可降低 3℃。根据一天的温度变化来看，当陆地比水体热时，微风从湖面吹向陆地，使得一天内十分凉爽，微风至少能降低气温 10℃。

较小水面有着同样的效果。水面上水的蒸发，使水面附近的空气温度降低，所以无论是池塘、河流或喷泉，其附近空气的温度一定比没有水的地方低。如果有风直接吹过水面，刮到人们活动的场所，则更加强水的降温效果。西班牙摩尔人在爱尔汗布拉宫所建的花园，就利用了这个原理来调节室内外的空气温度。

4. 控制噪声

水能用于室外空间减弱噪声，特别是在城市中有较多的汽车、人群和工厂的嘈杂声，可以用水来隔离噪声。利用瀑布或流水的声响来减少噪声干扰，造成一个相对宁静的气氛。纽约市的帕里公园，就是用水来阻隔噪声的。这个坐落在曼哈顿市的小公园，利用挂落的水墙，阻隔了大街上的交通噪声，使公园内的游人减少了噪声的干扰。由于这些噪声的减弱，人们在轻松的背景下，就不会感到城市的混乱和紧张。

5. 提供娱乐条件

水在景观中的另一普遍作用是提供娱乐条件。水能作为游泳、钓鱼、帆船、赛艇、滑水和溜冰场所。这些水上活动，可以说是对整个国家湖泊、河流、海洋的充分利用。而园林师的任务是对私家房屋后的水池到区域性的湖泊和海滨，所需要的不同水上娱乐设施的规划和设计。为配合娱乐活动，这些设施在开发水体作为娱乐场所时，要注意不要破坏景观和保护水体，同时还要巧妙布置和保护水源。

3.2.3 水的美学观赏功能

水除了以上较为一般的使用功能以外，还有许多美化环境的作用，要使水发挥其观赏功能，并与整个景观相协调，所采取的步骤与其他设计元素是相同的。这也就是说，园林师首先要决定水在设计中对室外空间的功能作用，其次再分析以什么形式和手法才适合于这种功能。由于水的性质多变，存在着多种视觉上的用途，因此在设计时要谨慎进行。

1. 平静的水体

室外环境中静止水，依其容体的形状可分为规则式水池和自然式湖塘。

规则式水池是指人造的蓄水容体，其边缘线条挺括分明，池的外形属于几何形，但并不限于圆形、方形、三角形和矩形等典型的纯几何图形。其水面如镜，可以映照出天空或地面物。水里的景物，令人感觉如真似幻为赏景者提供了新的透视点。水池水面的反光也能影响着空间的明暗。这一特性要取决于天光、水池的池面、池底以及赏景者的角度。例如在阳光普照的白天，池面水光晶莹耀眼，与草地或铺装地面的深沉暗淡形成强烈的对比。池中水平如镜，映照着蓝天白云，令人觉得轻盈飘逸。同时反衬着沉重厚实地面。有时这种效果能使沉浑、坚实的地面有一种虚空感。如果水池不是用以反射倒影之用，那么可以特殊地处理水池表面，以达到观赏的趣味性。水池的内表面，特别是水池的底部，可以使用引人注目的材料、色彩和质地，并设计成吸引人的式样。

平静的水体的第二种类型是自然式水塘。与规则式水池相比，水塘在设计上比较自然或半自然。然而，水塘可以是人造的，也可以是自然形成的。水塘的外形通常由自然的曲线构成，这种形象最适合于乡村或大的公园。自然池塘柔和的外形可使室外空间产生一种轻松恬静的感觉。在景观中水塘可以作为联系和统一同一环境中的不同区域的手段。凭借着与水的联系，而将其组合成一个整体。当水塘作为主景或景观特殊部分的焦点时，这种用途特别有效。尤其是在大面织的设计中，这种统一作用可以避免各区域散乱和无归属。

2. 流水

流水是用以完善室外环境设计的第二种水的形态。流水是任何被限制在有坡度的渠道中的，由于重力作用而产生自流的水。例如自然界中的庄河、溪流等。流水最好是作为一种动态因素，来表现具有运动性、方向性和生动活泼的室外环境。流水的行为特征取决于水的流量，河床的大小和坡度以及河底和驳岸的性质，河床的宽度及深度不变，而用较光滑和细腻材料，则水流也就较平缓稳定，这样的流水适合于宁静悠闲的环境。要形成较湍急的流水，就得改变河床前后的宽窄，加大河床的坡度，或河床用粗糙的材料，如卵石或毛石。这些因素阻碍了水流的畅通，使水流撞击或绕流这些障碍，导致了湍流、波浪和声响（图3.14）。

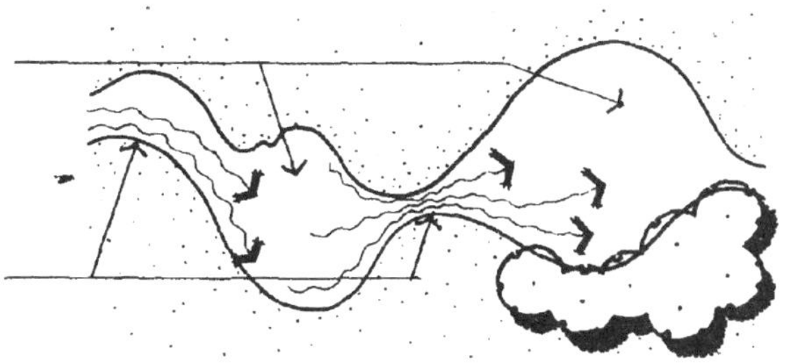

图 3.14 河床的宽窄改变水流速度
［图片引自：诺曼·K·布思. 风景园林设计要素.
北京：中国林业出版社，2006］

3. 瀑布

水景中的第三种类型是瀑布，瀑布是流水从高处突然落下而形成的。瀑布的观赏效果比流水更丰富多彩，因而常作为室外环境布局的视线焦点。瀑布可以分为3类：自由落瀑布、叠落瀑布、滑落瀑布（图3.15）。

自由落瀑布是不间断地从一个高度落到另一高度，其瀑布的特性取决于水的流量、流速、高差以及

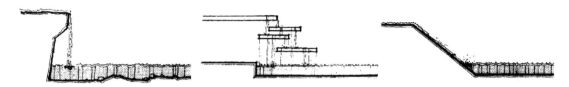

图3.15　自由落瀑布、叠落瀑布和滑落瀑布
[图片引自：诺曼·K·布思. 风景园林设计要素. 北京：中国林业出版社，2006]

瀑布口边的情况。叠落瀑布是在瀑布的高低层中添加一些障碍物或平面，这些障碍物好像瀑布中的逗号，使瀑布产生短暂的停留和间隔。叠落瀑布产生的声光效果，比一般瀑布更丰富多变，更引人注目。滑落瀑布类似于流水，其差别在于较少的水滚动在较陡的斜坡上。对于少量的水从斜坡上流下，其观赏效果在于阳光照在其表面上显示出的湿润和光的闪耀，水量过大其情况就不同了。滑落瀑布比自由落瀑布和叠落瀑布趋向于平静缓和。

4. 喷泉

在室外空间设计上，水景的第四种类型是喷泉。喷泉是利用压力，使水自喷嘴喷向空中。喷泉的水喷到一定高度后便又落下。因此，喷泉与先前讨论过的瀑布在某些方面形成对比。大多数的喷泉由于其垂直变化加上灯光的配合，因此成为设计组合中的视线焦点。喷泉的吸引力，取决于喷泉的喷水量和喷水高度。喷泉能从一条水柱到各种大小水量和喷水形式的、组合多变的喷泉。大多数喷泉都装设在静水中，相比较之下，才能表现其魅力。依其形态特征，喷泉可分为4类：单射流喷泉、喷雾泉、充气泉、造型式喷泉（图3.16）。

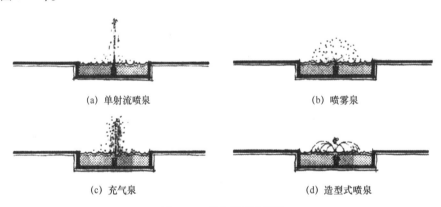

(a) 单射流喷泉　　　　　　　　　　(b) 喷雾泉

(c) 充气泉　　　　　　　　　　(d) 造型式喷泉

图3.16　喷泉的不同类型
[图片引自：诺曼·K·布思. 风景园林设计要素. 北京：中国林业出版社，2006]

单射流喷泉是一种最简单的喷泉，水通过单管喷头喷出，有着相对清晰的水柱。单射流喷泉的高度取决于水量和压力两因素。喷雾泉由许多细小雾状的水和气通过有许多小孔的喷头喷出，形成雾状的喷泉。喷雾泉外形较细腻，看起来闪亮而虚幻，同时还会发出"嘶嘶"的声音。作为一设计元素，可以用来表示安静的情绪。喷雾泉也能作为增加空气湿度和作为自然空调因素。充气泉相似于单管喷泉之处是一个喷嘴只有一个孔。而不同之处在于充气泉喷嘴孔径非常大，能产生湍流水花的效果。造型式喷泉是由各种类型的喷泉通过一定的造型组合而形成的喷泉，最适合于安放在要求有造型的公共空间内，而不适于悠闲空间。

3.3　植物

在室外环境的布局与设计中，植物是另一个极其重要的素材。在许多设计中，园林师主要是利用地形、植物和建筑来组织空间和解决问题的。植物除了能作为设计的构成因素外，它还能使环境充满生机和美感。

3.3.1 园林植物的表现

园林景观设计以植物为主，所以园林设计图中植物材料的表现极为重要。它不仅可以塑造空间个性，创造空间，还能增加环境色彩、提供阴影、表现季相，创造形态多变的生态景观。

1. 乔木的表现

乔木指的是高大又有明显主干的树木。平面图上的乔木图案，通常用圆形的顶视外形来表示其覆盖范围，其平面可把树干位置作为圆心，树冠平均半径作为半径，作出圆或近似圆之后再加以表现。用线条勾勒出轮廓，线条可粗可细，轮廓可光滑，也可有尖突或缺口；用线条的组合表示枝干的分叉或树枝；用线条的组合或排列表示树冠的质感。乔木的立面表示方法有分枝、轮廓和质感等几大类型。树木的立面表现形式有写实的，亦有图案化的或稍加变化的，而大多都为写实的或稍加变化的，其风格应与树木平面和整个图面相一致（图 3.17）。

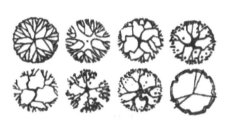

图 3.17　乔木的表现

[图片引自：张国栋. 园林构景要素的表现类型及实例. 北京：化学工业出版社，2009]

2. 灌木及地被的表现

灌木无明显的主干，成丛生长，一般平面形状曲直多变。灌木的平面表示方法：通常修剪的规整灌木可用斜线或弧线交叉表示；不规则形状的灌木平面宜用质感型和轮廓型表示。表示时以栽植范围为准。地被可用线点、圆点来表现，在树冠附近或建筑的外缘可加密，以作衬影，中间部分可疏，但打点的大小应基本一致，无论疏密，点都要打得比较均匀。花卉，特别是表现露地花卉，常用连续曲线画出花纹或用自然曲线画出花卉种植范围，再加上小圆圈来表现（图 3.18）。

图 3.18　灌木及地被的表现

[图片引自：张国栋. 园林构景要素的表现类型及实例. 北京：化学工业出版社，2009]

3.3.2 植物的建造功能

植物的建造功能对室外环境的总体布局和室外空间的形成非常重要。在设计过程中，首先，要研究的因素之一，便是植物的建造功能。它的建造功能在设计中确定以后，才考虑其观赏特性。植物在景观中的建造功能是指它能充当的构成因素，如像建筑物的地面、天花板、围墙、门窗一样。从构成角度而言，植物是室外环境的空间围合物。然而，"建造功能"一词并非是将植物的功能仅局限于机械的、人工的环境中。在自然环境中，植物同样能成功地发挥它的建造功能。

1. 构成空间

空间感指的是由地平面、垂直面以及顶平面单独或共同组合成的具有实在的或暗示性的范围围合。

植物可用于空间中的任何一个平面，在地平面上，以不同种类和不同高度的地被植物或矮灌木来暗示空间的边界。在此情形中，一些植物不能以垂直面上的实体来分隔与限制空间，但它确实在较低的水平面上起到了分隔作用（图3.19）。一片地被植物和一块草坪之间的交界处，虽不具有实体的视线屏障，但却暗示着空间范围的不同。

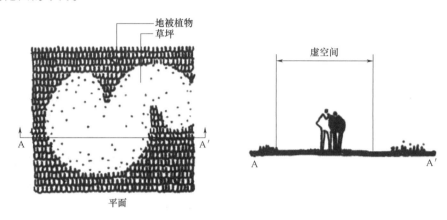

图3.19 地被和草地暗示虚空间的边缘

［图片引自：诺曼·K·布思. 风景园林设计要素. 北京：中国林业出版社，2006］

在垂直面上，植物能通过几种方式影响空间感。树干直立于外部空间，它们多以暗示的方式而不仅仅是以实体本身来限制空间。植物的叶丛是影响空间围合的另一个因素。叶丛分枝的高度和疏密度影响着空间的闭合感。针叶或阔叶越浓密、体积越大，其围合感就越强烈。而落叶植物的封闭程度，因季节的变化而异。在夏季，树叶浓密的树丛，能形成一个个闭合的空间，从而给人一种内向的隔离感，所以能够带给人们强烈的封闭感；而在冬季，同一个空间，则比夏季显得更空旷、更大，因植物落叶后，人们的视线能延伸到所限制的空间范围以外的地方。在冬天，落叶植物是靠枝条暗示空间范围，而常绿植物在垂直面上能形成常年稳定的空间封闭效果（图3.20）。

(a) 夏季 　　　　　　　　　　　　　　　　(b) 冬季

图3.20 空间的闭合感因季节而异

［图片引自：诺曼·K·布思. 风景园林设计要素. 北京：中国林业出版社，2006］

植物同样能限制或改变一个空间的顶平面。植物的枝叶类似于室外空间的天花板，不仅限制了伸向天空的视线，还影响着垂直面上的尺度。当然，这中间也存在着许多可变因素，例如枝叶密度、季节以及树木本身的种植形式等。当树木树冠相互覆盖、遮蔽了阳光时，其顶面的封闭感最强（图3.21）。

2. 障景

植物的另一建造功能是障景，作背景或是造景。植物材料如直立的屏障，能控制和引导人们的视线，将所需的美景尽收眼底，而将俗物障于视线之外。障景的效果依景观的要求而定，若使用不通透植物或者是密植，就能完全屏障视线通过；而使用不同程度的通透植物，则能达到漏景的效果。为了取得有效的植物障景，园林设计者都必须首先分析观赏者所在的位置、被障物的高度、观赏者与被障物的距离以及地形等因素。所有这些因素都会影响所需植物屏障的高度、配置以及分布。

因此，研究植物屏障各种变化的最佳方案，就是沿预定视线画出区域图（图3.22）。最后，设计者通过切割视线，就能定出屏障植物的高度和恰当的位置。另外，需要考虑的因素是季节。在各个变化的

图 3.21 树冠的底部形成顶平面空间
［图片引自：诺曼·K·布思. 风景园林设计要素. 北京：中国林业出版社，2006］

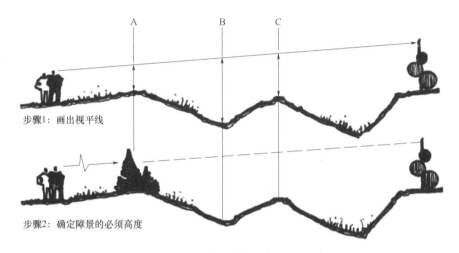

图 3.22 根据视线区域确定障景的必须高度
［图片引自：诺曼·K·布思. 风景园林设计要素. 北京：中国林业出版社，2006］

季节中，如果要求植物都能成为障景的话，则需种植常绿植物才能达到这种永久性屏障作用。

3. 控制私密性

与障景功能大致相似，植物还具有控制私密的功能，其功能与地形控制私密的功能也相似。私密性控制就是利用阻挡人们视线高度的植物，进行对明确的所限区域的围合。私密控制的目的，就是将空间与其环境完全隔离开，以达到人们心理的安全要求。

障景与私密控制二者间的区别在于，后者围合并分割成一个独立的空间。从而封闭了所有出入空间的视线，而前者则是慎重种植植物屏障，有选择地屏障视线。私密空间杜绝任何在封闭空间内的自由穿行，而障景则允许在植物屏障内自由穿行，所以其区别本质上是在闭合程度上的不同。在设计私密场所或居民住宅时，常常要考虑到私密控制。

由于植物具有屏蔽视线的作用，因而私密控制的程度，将直接受植物的影响。当植物的高度高于2m 时，空间的私密感最强；齐胸高的植物能提供部分私密性（当人坐在地上时，则具有完全的私密感）；而齐腰的植物是不能提供私密性的，即使有也是微乎其微的，作用非常有限。

3.3.3 植物的观赏特性

在一个设计方案中，植物材料不仅从建筑学的角度上被运用于限制空间、建立空间序列、屏障视线以及提供空间的私密性，而且还有许多美学功能。植物的建造功能主要涉及设计的结构外貌，而其观赏特性主要包括植物的大小、形态、色彩、质地以及与总体布局和周围环境的关系等，都能影响设计的美学特性。植物种植设计的观赏者的第一印象便是对其外貌的反应。种植设计形式也能成功地完成其他有价值的功能。

1. 植物的大小

植物最重要的观赏特性之一，就是大小。因此，在为设计选择植物素材时，应首先考虑其大小。因为植物的大小直接影响着空间活动范围、结构关系以及设计的布局与构思。

大、中型乔木类植物因其面积和高度而成为显著的观赏因素。它们的功能类似于一幢楼房的钢木框架，能构成室外环境的骨架和基本结构，从而使布局具有立体的轮廓。

在布局中，当大、中型乔木居于较小植物之中时，它将占有突出的地位，可以充当视线的焦点，可以起到对比、衬托的感觉。大、中型乔木作为结构因素，其重要性随着室外空间的扩大而突出，尤其在山脊或凸形地中则更加突出。在空旷地或广场上举目而视，首先进入眼帘的就是大乔木。而较小的乔木和灌木，只有在近距离观察时，才会引起注意。因此，在进行设计时，应首先确立大、中型乔木的位置，这是由于它们的配置将影响设计的整体结构和外观，只要较大乔木被定植，灌木和小乔木就能得以安排，以完善和增强大乔木形成的结构和空间特性。较矮小的植物在较大植物所构成的总体结构中，能展现出更具人格化的细腻装饰。由于大乔木极易超出设计范围和压制其他较矮小的植物，因此在小庭园的设计中应慎重地使用大乔木以及在今后会长成大乔木的植物。

在布局中，小乔木能从顶平面和垂直面两方面限制空间。根据树冠高度，小乔木的树干能在垂直面上暗示空间边界。当其树冠低于视平线时，它将会在垂直面上完全封闭空间。当视线能透过枝叶树干时，这些小乔木像前景的漏窗，使人们所见的空间有较大的深远感。顶平面上，小乔木树冠能形成室外空间的天花板，类似空间往往使人产生一种亲切感。在有些情况中小乔木树冠极低，从而可以避免人们的穿行。总之，小乔木与装饰植物适合于受面积限制的小空间或要求较精细的地方。

2. 植物的外形

群体或单株植物的外形，是指植物从整体形态与生长习性来考虑大致的外部轮廓。尽管它的观赏特征不如其大小特征明显，但是它在植物的构图和布局上，对统一性和多样性有一定的影响。在作为背景物以及在设计中植物与其他不变设计因素相配合时，也是一个关键性因素。植物外形基本类型为：纺锤形、圆柱形、展开形、圆球形、尖塔形、垂枝形和特殊形等（图 3.23）。每一种形状的植物都具有自己独特的性质，以及独特的设计应用。

毫无疑问，并非所有植物都能准确地符合上述分类，但此分类，已经包含了大多数植物。有些植物的形状很难描述，而有些植物则越过了各种不同植物类型的界限。但是

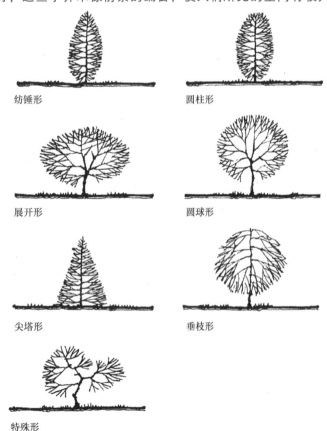

纺锤形 圆柱形

展开形 圆球形

尖塔形 垂枝形

特殊形

图 3.23　植物形状示意图

［图片引自：诺曼·K·布思. 风景园林设计要素.
北京：中国林业出版社，2006］

尽管如此，植物的形态仍是一个重要的观赏特征，植物因其形状而自成一景，作为设计焦点时，尤为显示它的突出地位。不过，当植物以群体出现时，单株的形象便消失了，它的自身造型能力将削弱。在此情况下，整个群体植物的外观便成了重要的方面。

3. 植物的色彩

植物的色彩可以看做是情感的象征，这是因为色彩直接影响着一个室外空间的气氛和情感。鲜艳的色彩给人以欢乐、轻快的气氛，但鲜艳的色彩易使人疲劳，而深暗的色彩则给人以异常郁闷的气氛，有严肃庄重之感，所以都要因人、因地、因时而用。由于色彩易于被人看见，所以也是构图的重要因素。在景观中，植物色彩的变化，有时在相当远的地方都能被人注意。

植物的色彩，通过植物的各个部分而呈现出来，如通过花朵、树叶、大小枝条、果实以及树皮等。众所周知，树叶的主要色彩呈绿色，其间也伴随着深浅的变化，以及黄、蓝和古铜色的色素。除此以外，植物也包含了所有的色彩，存在于春秋时令的树叶、花朵、树干和枝条之中。

4. 植物的质地

植物的质地指的是单株植物或群体植物直观的光滑感和粗糙感。它受植物枝条的长短、叶片的大小、树皮的外形、植物的综合生长习性以及观赏植物的距离等因素的影响。在近距离内，单个叶片的大小、外表、形状以及小枝条的排列都影响着观赏质感。当从远距离观赏植物的外貌时，决定质地的主要因素则是植物的一般生长习性和枝干的密度。落叶植物的质地除随距离而变化外，也要随季节而变化。在整个冬季，落叶植物由于无叶片，因而质感不同于夏季时的质感，一般说来更为疏松，主要观赏其枝条、形体美。

在植物配植中，植物的质地会影响许多其他因素，其中包括布局的多样性、协调性、视距感以及一个设计的色调、观赏情趣和气氛。

粗壮型植物观赏价值高，当将其植于中粗型及细小型植物丛中时，粗壮型植物会"跳跃"而出，首先映入眼帘。因此，粗壮型植物可在设计中作为焦点，不仅可以吸引观赏者的注意力，还可使设计显示出强壮感。与使用其他突出的景物类似，在使用和种植粗壮型植物时应小心适度，避免它在布局中喧宾夺主，或使人们过多地注意零乱的景观。

细质地植物的特性与粗壮型植物恰好相反。细质地植物柔软纤细，在布局中，它们往往最后为人们所看见，当观赏者与布局间的距离增大时，它们又首先在视线中消失（仅就质地而言）。因此，细质地植物最适合在布局中充当中性背景，为布局提供细腻、优雅的外表特征，或在与粗质地和中粗质地植物相互完善时，增加景观变化。

3.4 建筑

建筑包括建筑小品、屋宇等以及各种工程设施，它们不仅在功能方面必须满足游人的休憩、居住、交通和游玩的需要，同时还以其独特的形象而成为园林景观必不可少的一部分，建筑的有无、多少也是区别园林与天然风景区的主要标志。园林建筑人工的成分比较多，比起地形、水、植物，园林建筑较少受到自然条件的限制，是造园的 4 个主要方式中运用最为灵活也是最积极的一个方式。随着园林现代化设施水平的不断提高，园林建筑的内容也越来越复杂多样，在园林中的地位也日益重要起来。

3.4.1 园林建筑

在园林中所建的建筑就是园林建筑。在我国传统园林当中，这类建筑的形式很多，常见的有亭、廊、轩、甜、筋、门、棚架等。在整体上。表现出欣赏功能大于使用功能的特征。现在的园林建筑，除了保留传统园林建筑形式优美的特点之外，还增加了诸如销售、展览、餐饮、住宿乃至运动等使用功能，其建造的形式也随着功能的增加而增加了。一些比如展览馆、小卖部、酒吧、咖啡厅、旅馆等建筑形式也都纳入到园林建筑的范围当中，与传统的园林建筑形式一起，形成新式的园林建筑。

1. 亭

亭是我国园林中运用得最多的一种建筑形式。无论是在传统园林中，还是在现代园林中都可以见到各式各样的亭子。或矗立山头，或位于水边，或依偎着建筑物而建，满足了"观景"的需要。与此同时，亭子本身色彩丰富、形态多姿，又可满足"点景"的要求，是园林中最简单又最常用的建筑形式。亭子的设计形式很多，一般采用混凝土砌筑，外观形象虽各有特点，但建造方法大致相同。

从亭子的平面形状来看，大致可分为单体式（图3.24）、组合式（图3.25）、与廊墙相结合（图3.26）的形式3类，最常见的有：正多边形亭、圆亭、长方形亭、组合式亭（如双三角形亭、双方形亭、双圆形亭）、平顶式亭、与墙、廊、屋、石壁等结合起来的亭式。亭的立面有单檐和重檐之分，也有三重檐的。

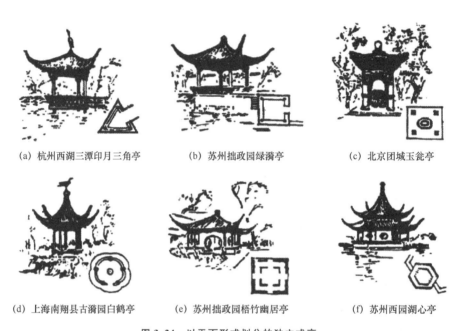

(a) 杭州西湖三潭印月三角亭　　(b) 苏州拙政园绿漪亭　　(c) 北京团城玉瓮亭

(d) 上海南翔县古漪园白鹤亭　　(e) 苏州拙政园梧竹幽居亭　　(f) 苏州西园湖心亭

图3.24　以平面形式划分的独立式亭

［图片引自：张国栋. 园林构景要素的表现类型及实例. 北京：化学工业出版社，2009］

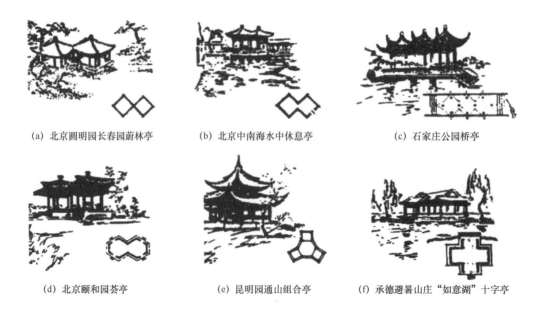

(a) 北京圆明园长春园蔚林亭　　(b) 北京中南海水中休息亭　　(c) 石家庄公园桥亭

(d) 北京颐和园荟亭　　(e) 昆明园通山组合亭　　(f) 承德避暑山庄"如意湖"十字亭

图3.25　以平面形式划分的组合式亭

［图片引自：张国栋. 园林构景要素的表现类型及实例. 北京：化学工业出版社，2009］

(a) 苏州拙政园倚虹半亭

(b) 苏州拙政园别有洞天半亭

(c) 苏州网师园月到风来亭

(d) 北京颐和园长廊中的清遥亭

(e) 济南千佛山休息亭廊

(f) 苏州狮子林半亭

图 3.26　以平面形式划分的与廊墙相结合的亭
[图片引自：张国栋. 园林构景要素的表现类型及实例. 北京：化学工业出版社，2009]

2. 廊

廊本是作为建筑物之间的联系而出现的。中国古建筑中木构架体系的建筑物，一般个体建筑的平面形状都较为简单。常常通过廊、墙等把一幢幢的单体建筑组织起来，形成空间层次丰富多变的建筑群体。廊一般布置在两个建筑物之间，成为空间联系和空间划分的一种重要方式，它不仅具有联系交通、遮风避雨的实用功能，而且对园林中风景的展开和观赏程序的层次起着重要的组织作用。

从廊的横剖面来进行分析，大致可分成 4 种形式：双面空廊、单面空廊、复廊和双层廊。其中最基本的是双面空廊的形式。在双面空廊的一侧列柱间砌有实墙或半空半实墙的，就成为单面空廊。在双面空廊的中间夹一道墙，就形成了复廊的形式。或称为"内外廊"，因为在廊内分成两条走道，所以廊的跨度一般较宽。把廊做成两层，上下都是廊道，即变成了双层廊的形式，或称"楼廊"。

如果从廊的总体造型及其与环境、地形的结合的角度来考虑，又可把廊分为直廊、回廊、曲廊、叠落廊、爬山廊、桥廊、水廊等（图 3.27）。

3. 榭与舫

在园林建筑中，榭、舫、亭、轩等性质上比较接近；它们都是除要满足人们休息游赏的一般功能要求外，主要起观景与点景的作用，是园内景色的"点缀品"，是从属于自然环境的。

水榭作为一种临水建筑物，就一定要使建筑物能与水面和池岸很好地结合，使它们之间配合得自然、贴切。所以，水榭在可能的范围内宜突出于池岸，并且尽可能贴近水面，形成三面或四面临水的形式。在造型上，榭与水面、池岸结合，宜强调水平线条。

江南园林，造园多以水为中心，因而，园主很自然地希望能创造出一种类似舟舫的建筑形象，使得水面虽小，却能令人似有置身于舟楫中的感受。于是"舫"这种园林建筑类型就此诞生了。近年来园林中新建的舫虽不多，但形式上都做了不少的革新和创造，如广州泮溪酒家在荔湾湖建了一个船厅，称为"荔湾舫"（图 3.28）。

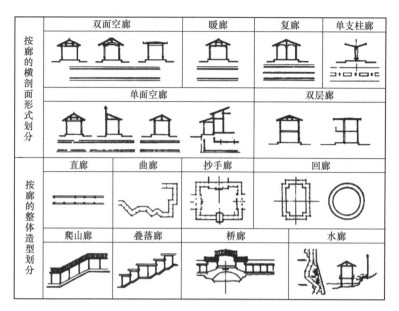

按廊的横剖面形式划分	双面空廊			暖廊	复廊	单支柱廊
	单面空廊				双层廊	
按廊的整体造型划分	直廊	曲廊		抄手廊		回廊
	爬山廊	叠落廊		桥廊		水廊

图 3.27　廊的基本类型

[图片引自：张国栋. 园林构景要素的表现类型及实例. 北京：化学工业出版社，2009]

图 3.28　广州泮溪酒家"荔湾舫"

[图片引自：张国栋. 园林构景要素的表现类型及实例.

北京：化学工业出版社，2009]

4. 风景区入口与公园大门

名胜风景区往往以真山真水、自然空间和瑰丽的园林景色取胜。由于范围广阔，不便设置固定的界址，其入口处理多半在风景区的主要交通枢纽处，结合自然环境，在前区先设立景区入口标志，然后设立售票房和管理间。风景区入口的构成形式多种多样，有的利用原来的山石、名泉古木；有的利用砖石砌筑墙、门；也有的以较完整的各种建筑形象构成。

公园为便于管理，四周多设园墙和大门，其中公园大门的一项主要任务就是控制游人进出。公园客流量变化很大，在人流到达高峰时，公园大门也应能较好地控制游人的进出。公园大门是城市与园林交通的咽喉，与城市总体布局有密切的关系。一般城市公园主要入口多位于城市主干道一侧。较大的公园还在其他不同位置的道路设置若干次要入口，以方便城市各区群众进园。公园大门的平面主要由售票房、大门、围墙、窗橱、前场和内院等部分组成。

5. 服务性建筑

服务性建筑一般是指小卖部、餐饮性建筑、游船码头、展览馆、公共厕所以及摄影部等建筑物，它出现在现代园林中，是传统园林中所没有的建筑形式，而且它在现代园林中的地位和作用也日益重要。在一些现代园林作品当中，此类服务性建筑已经成为游览景点的重要组成部分，而且其在园林当中的使用量也最大。它的设计风格直接影响了园林风格的形成和统一。

根据休憩、服务、观赏等要求，服务性建筑需要均匀地分布在游览路线上。通常情况下，各点水平距离约 100m，高差约 10m（大型的风景区布点可远些）。距离和高差要恰当，以减少游人疲乏，方便游人在游园中的各种需求。园林服务性建筑布置时应尽量发挥环境的优越条件，仔细分析所在环境的风景资源及其性质，以表达每一景区的特有风貌。园林风景建筑不仅要为风景区添景，而且要为游客提供较好的赏景场所。因而在建筑选择时要充分考虑风景区对风景建筑的各种要求。

3.4.2　园林小品

园林建筑小品是指园林中功能简单、体量小巧、富有情趣、造型别致的精美构筑物。园林建筑小品通常都具有简单的实用功能，而且还具有装饰性的造型艺术特点。因为其体量比较小，通常不具有可供游人入内的内部空间。它不但有园林建筑技术的要求，而且还含有空间组合和造型艺术上的美感要求。因此，建筑小品在园林中不仅作为实用设施，还作为点缀风景的艺术装饰小品。

1. 园门

园门是园林的门面，在很大程度上反映着园林本身的性质、功能和特点。如与"门题"相结合则会形成完整的出入口空间，在这个空间中不但满足了游人出入、车辆集散等功能，又蕴含着丰富的园林意境。园门有时是园林景墙上开设的门洞，又称景门。园门有点景、导游和装饰的作用，一个好的园门往往给人以"别有洞天""引人入胜"的感受（图3.29）。

图 3.29　园门

[图片引自：张国栋. 园林构景要素的表现类型及实例. 北京：化学工业出版社，2009]

2. 园墙与隔断

园墙与隔断是园林景观的一个有机组成部分。中国园林比较善于运用露和藏、合与分进行艺术手法的对比。营造个性化的人文景观空间，于是园墙与隔断便应运而生，并得到了很大的发展，无论是在古典园林还是在现代园林中，应用都非常广泛。

园墙亦称景墙。园林中用来围护建筑物或构筑物，常设在园的外缘作为边界或分隔园林空间，为了达到某种造型效果。拼砌出不同的墙面。由于光线投射产生光影、明暗，具有生动变化的特色。其布局能过水、盘山，可互相穿插，高低错落。景墙与山石、修竹、雕塑、灯具、花架等结合可形成独特的景观（图3.30）。

图 3.30　园墙

[图片引自：张国栋. 园林构景要素的表现类型及实例. 北京：化学工业出版社，2009]

3. 园窗

园窗是园林建筑中非常重要的构件，除了满足建筑内部的采光、通风等功能性要求外，大多数的园窗都具有与环境要素配合的造景作用。中国传统的"个景"艺术创造手法已有几千年的悠久历史，不管是单体建筑还是壁廊、景墙等其他构成空间分割的园林建筑，都在园窗的表现方面积累了丰富的形式。

园窗造景方式又可分为什锦窗和漏花窗两种形式。什锦窗就是在景墙或壁廊上连续设置各种相同或者不同图形并作简单、交替和反复布置形式的园窗，用以组织园林序列的"框景"和"窗景"。漏花窗可以根据材料的不同分为多种类型，比如砖花格漏窗、瓦花格漏窗、木制花格漏窗、铁制花格漏窗、琉璃花格漏窗、有色玻璃漏窗等。除此以外，还有博古格漏窗，它的形式也非常典雅。

4. 花架

花架作用与廊相似，主要起到交通联系和空间渗透的作用，但相比之下，它的特点是更通透、更"虚空"。花架能与建筑组合，形成一个室内空间和室外空间有所不同的"灰空间"，使人们的活动场所具有更丰富的变化；能利用光在地面或墙面上形成线条优美的阴影效果；还能很好地与攀缘植物一起，组合成不同于廊的覆盖空间的效果。它的功能比廊道简单，其审美装饰性更强（图3.31）。

图 3.31 花架

5. 园椅与园凳

园椅与园凳属于休憩性的园林小品设施。在园林中，设置形式优美的坐凳具有舒适诱人的效果，在丛林中巧妙地安置一组景石凳或一组树桩凳，可以使人顿觉林间生机勃勃，同时园椅和园凳的艺术造型亦能装点园林。在大树浓荫下，布置两三个石凳，长短随意，往往能使无组织的自然空间变为有意境的庭园景色。

园椅、园凳的布置需要特定的环境空间，不同的环境要有与之相适应的造型和色彩形式。在布置时要考虑其不仅要能使游人得到休息，而且还要注意不影响其他游人的游览，所以，园椅、园凳所处空间的合理性是一个相当重要的问题（图3.32）。

园林中设置园椅时，要充分考虑到因游人的结构，如年龄、职业、爱好等不同而有不同的要求。有的喜欢独自就座，安静休息；有的希望接近人群，喜欢热闹；有的又需要回避游人，要求有私密的环境等，因此园椅的位置选择应充分满足各类游人的不同要求。

6. 雕塑

美化城市的重要手段之一就是雕塑景观。当前在街道、公园、广场、居住区小游园内布置了各种题材、大小各异的雕塑作品，有纪念性题材及生活性题材雕塑，包括纪念物、英雄人物形象、童话、神话、儿童、动物等内容，代表了所在空间的语言。这些雕塑造型生动、立意新颖，不仅点缀了环境，同时给人以美的享受。

按照雕塑的艺术形式可分为具象雕塑和抽象雕塑两种形式。具象雕塑是一种以写实和再现客观对象为主的雕塑，在城市雕塑中应用较广泛；写实性具象雕塑会给人以亲切的生活化感受。按空间形式又分为3类：浮雕、圆雕和透雕。依照材料又可分为人造石雕塑、天然石雕塑、金属雕塑、木雕塑、高分子雕塑、水泥雕塑、陶瓷雕

图 3.32 园凳和环境

[图片引自：张国栋. 园林构景要素的表现类型及实例.
北京：化学工业出版社，2009]

图 3.33　装饰性雕塑

[图片引自：张国栋. 园林构景要素
的表现类型及实例.

北京：化学工业出版社，2009]

塑以及冰雪雕塑等。按照在园林中的功能作用，园林雕塑又可分为纪念性雕塑、主题性雕塑、功能性雕塑、装饰性雕塑（图 3.33）、陈列性雕塑 5 大类。

园林雕塑本身具有生活性、建筑性、历史性和视觉条件的特殊性，雕塑的题材形式和手法历来不拘一格，但园林雕塑必须从属于园林环境，所以，要全面考虑雕塑在园林中的布局，合理安排，根据园林的总体规划，服从于园林的全体规划，服从于园林的主题思想和意境要求。比如，纪念性公园中的雕塑围绕着特定的内容，以不朽的主题感染观赏者，其艺术价值是超越时空的；而游憩性公园和居住区绿地中的雕塑，其色彩及形体的塑造就应以朴素和轻松为主，其艺术价值重在展现祥和美好的生存空间和现代气息，体形不应过大、题材不宜凝重。

7. 栏杆

由外形美观的立柱和镶嵌图案按一定间隔排成栅栏状的构筑物就叫做栏杆。栏杆按材料构成可分为钢制、混凝土预制、铁制、竹制、木制等多种，在园林环境中起到安全防护、隔离和装饰等作用。在现代园林中，因其造型具有简洁、明快、开敞、通透和不阻隔空间、灵活多样的形式特点，大大丰富了园林景致（图 3.34）。

栏杆的式样很多，不胜枚举，但其造型的原则却都相同，即必须与环境统一、协调。如在雄伟的建筑环境内，必须配合坚实而具有庄重感的栏杆；而廊、亭等建筑小品的栏杆，则宜玲珑轻巧，并可结合座凳，为游人提供安全休息的设施。

8. 标示小品

园林标示性小品是园林中最为常见而且也最易引人注意的指示性标识或宣教设施，小到指路标识，大到立传廊、宣传牌等，都可以吸引人们的视线，使人驻足观赏。提供简明信息是一般标示小品设置

图 3.34　栏杆

[图片引自：张国栋. 园林构景要素的表现类型及实例.

北京：化学工业出版社，2009]

的目的所在，如景点的分布及方向、导游线路的介绍等，因此其位置常设在园林入口、道路交叉口处、景区交界等地段。由于园林是多个造园要素综合营造的优美环境，为了展现园林景观特色，在标示小品的制作方面也相应有多样化的表现方式（图 3.35）。

(a) 杭州动物园导示牌　(b) 上海长风公园导示牌　(c) 庐山植物园导示牌　(d) 北京动物园导示牌　(e) 国外某园导示牌

图 3.35　导示牌

[图片引自：张国栋. 园林构景要素的表现类型及实例. 北京：化学工业出版社，2009]

3.5 景观照明

景观照明除了创造一个明亮的景观环境，满足夜间游园活动，节日庆祝活动以及保卫工作等要求以外，更是创造现代化景观的手段之一。它能使园林夜景呈现出与白昼迥然不同的意趣，产生一种幽邃、静谧的气氛。在景观照明当中，灯具和照明方式的选择大大影响着照明的效果和意境。

3.5.1 灯具的类型

灯具是夜间照明的主要设施，白天具有装饰作用。因此，各类灯具在灯头、灯柱、柱座（包括接线箱）的造型上，光源选择上，照明质量和方式上，都应有一定的要求。灯具造型不宜繁琐，可有对称与不对称、几何形与自然形之分。混凝土塑造的树干、竹节类自然形灯具有山林野趣。

根据光源的不同，灯具有汞灯、金属卤光灯、高压钠灯、荧光灯、白炽灯、LED灯等类型。可以根据造景的不同需要来选择不同光源的灯。按照明特点，灯具可分为基本照明灯具和重点照明灯具两大类。

1. 基本照明灯具

基本照明灯具主要用于满足使用者的安全需求，具有空间的连续性与引导性。依据使用功能又可分为路灯、庭园灯、扶手灯、草坪灯、地灯等。

路灯主要满足城市街道的照明需要，同时考虑造型以体现城市街景特色。包括功能性与装饰性两类灯具。功能性灯具具有良好的配光，发出的光能均匀地投射在道路上，造型简单，节假日为烘托气氛，经常在灯杆、灯头上悬挂装饰性构件，如灯笼、串灯、彩带等；装饰性灯具对配光的要求并不强调，更讲究造型与风格，可安装在城市的主要街道。

庭园灯主要用在庭园、公园、街头绿地、居住区或大型建筑物中。灯具功率不应太大，以创造幽静舒适的空间氛围。造型力求美观、新颖，应与周围建筑物、构筑物及空间性质相协调，给人心情舒畅之感。

草坪灯放置在草坪的边缘，灯具较矮（小于1m），以烘托草坪的宽广。其色彩不宜过多，应与草坪的绿色相协调。

地灯放置在地平面上，有引导视线的作用。应用在步行街、人行道、大型建筑物入口和地面有高差变化之处。

2. 重点照明灯具

重点照明灯具用来营造艺术照明的效果，如街口、广场等处使用的探照灯、聚光灯等可以勾勒出空间轮廓。这种类型的灯具如激光灯、水池灯、各种彩灯等，能配合各种小品、水池、雕塑、植物，创造出小范围的特色照明效果。

壁灯安装在墙上，具有引导视线及景观照明的作用，又称洗墙灯。泛光灯能烘托植物、景观建筑小品的夜间效果。

3.5.2 景观照明的类型

景观照明的类型包括场地照明、道路照明、建筑照明、植物照明、雕塑及小品照明、水体照明以及其他照明。

1. 场地照明

场地照明要求考虑人的夜间活动需求，灯具一般选择探照灯、聚光灯（图3.36）。

2. 道路照明

对于通车的主干道或次干道的照明，应照亮路面、均匀连续，并且满足安全的要求。对于游憩小路

图 3.36　场地照明
［图片来源：百度图片］

则要求照亮路面，并能营造出幽静、祥和的氛围（图 3.37）。

图 3.37　道路照明
［图片来源：百度图片］

3. 建筑照明

　　建筑照明的设计要考虑建筑景观的整体性、层次性，突出重点，慎用彩光。纪念性建筑、政府机关、国家代表性建筑及风格特点明显的大型建筑等常使用白色的金属卤化物灯，必要时可在局部采用少量彩色光，以突出建筑的整体形象；商业与娱乐性建筑可适当采用影色光。而且用于建筑照明的灯具最好不要完全暴露在外，应适当隐蔽，同时要重点考虑节能。照明方式有泛光照明、轮廓照明、内透光照明等。

　　泛光照明能显示建筑物体形，突出全貌，层次清楚，立体感强，适用于表面反射度较高的建筑物。这种形式照明的灯具的安装位置及投射角度很重要，否则会产生光干扰（图 3.38）。

　　轮廓照明能突出建筑物外形轮廓，但不能反映立面效果。这种照明适用于桥梁、较大型建筑物，也可作为泛光照明的辅助照明（图 3.39）。

图 3.38　建筑泛光照明　　　　　　　　　　　图 3.39　建筑轮廓照明
［图片来源：百度图片］　　　　　　　　　　　［图片来源：百度图片］

4. 植物照明

　　植物照明的方式包括特定方向上照、全方位上照、下照式、剪影效果、点式等。特定方向上照是只能让人们看到某一方向的树形；全方位上照是将两个以上的灯具置于树下，照亮整个树体，立体感强；下照式是将灯具固定在树枝上，透过树叶往下照，地面上会出现枝叶交错的阴影，仿佛月下树影，适于枝叶茂盛的常绿树，或在步行街、居住区、公园等较雅静的场所使用；剪影效果是将植物后面的背景墙照亮，枝叶成为黑色的影子；点式是将灯或灯笼挂在树上，如星星般闪烁，较古典的做法，最适于商业街或街道的节日夜环境；其他照明方式，如对于花坛及低矮植物，可采用蘑菇灯具向下照射（图3.40）。

5. 雕塑与艺术品照明

立于地面、孤立于空地或草坪上的雕塑与艺术品的照明，以保持环境不受影响和减少眩光为原则，灯具与地面齐平或在植物、围墙后面自带有基座，孤立于草地或空地中央的雕塑与艺术品，由于基座的边沿不能在底部产生阴影，所以灯具应该放在远处；带有基座、行人可接近的雕塑与艺术品的照明，灯具宜固定在照明杆或装在附近建筑的立面上，而不是围着基座安装（图3.41）。

图3.40 植物照明
[图片来源：百度图片]

图3.41 雕塑照明
[图片来源：百度图片]

6. 水体照明

水体照明大致可分为静水（湖面、水池等）照明和动水（溪涧、瀑布、喷泉等）照明两大类。静水照明设计一般要结合水上的桥、亭、甜、水生植物、游船等，利用水的镜面作用，使观赏景物在水中形成倒影，形成光影明灭、虚实共生、情趣斐然的夜景。动水照明则应结合水景的动势，运用灯光的表现力来强调水体的喷、落、溅、流等动态造型，灯具位置常放置于水下，通过照亮水体的波纹、水花等来体现水的动势。对于大型水体比如瀑布、大型喷泉，可用泛光灯照亮整个水体，表现水体与周边环境的明暗对比，同时结合水下灯展现水的动态美（图3.42）。

图3.42 水体照明
[图片来源：百度图片]

7. 其他照明

其他照明主要包括装置于树池、花池、景观座椅、台阶、景墙、垃圾桶等功能性构筑物上的照明方式。主要用于烘托气氛和装饰环境，多见于酒店景观、城市广场、花园庭园等需要夜间活动和精致照明的场所。

3.6 作业与思考

3.6.1 园林要素表现

作业要求如下。

(1) 以山石为主景，树木为配景的平面、立面和以树木为主景、山石为配景的平面、立面，各一张图。

(2) 树木应有乔木、灌木、花卉。

(3) 除树木、山石外应有水面、园路。

(4) 钢笔徒手完成。

(5) 2 号图或 3 号图。

3.6.2 园林综合图抄绘

作业要求如下。

(1) 园林设计图抄绘（建筑、植物、道路、水面、山石等）。

(2) 应包括平面、立面、剖面图。

(3) 线条等级明确。

(4) 针管笔、工具表现。

(5) 2 号图或 3 号图。

3.6.3 小型园林的测绘

作业要求如下。

(1) 对给定地段范围内的小游园进行测绘。

(2) 应包括平面、立面、剖面图，及透视效果图。

(3) 墨线图工具、彩色铅笔、彩色水笔、马克笔等。

(4) 2 号图数张。

第4章 设计方法入门

本章主要针对初学者探讨设计方法的过程，选取小尺度的"庭院设计"为基本案例进行分析。"庭院设计"尺度虽小，却能够涵盖整个园林景观设计的过程，极具有代表性。参看庭院底图（图4.1）。

方案设计都要经过由浅入深、不断完善的过程，园林景观设计也不例外，设计者从熟悉的物质环境、社会文化和视觉环境入手，然后针对与设计有关的内容进行概括和分析，最终设计出合理的方案，整个设计过程充满思考、探索。从初学者的角度，我们把整个设计流程分为以下几个阶段。

（1）设计前期准备。

（2）方案探索阶段。

（3）方案比较。

（4）方案表达。

这几个阶段主要针对课题设计的过程，可作为初学设计学生的指导。

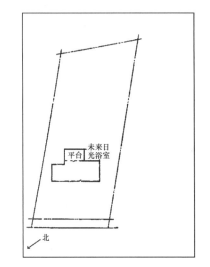

图4.1 庭院底图

［图片引自：T·贝尔托斯基. 园林设计初步.
北京：化学工业出版社，2006］

4.1 设计前期准备

4.1.1 任务书

设计任务书是方案设计指导性的文件，它从多方面对设计者将要展开的设计工作提出了明确的任务要求、条件规定，以及必要的设计参数。设计者在设计前，只有充分了解设计任务书，才能有目标地着手进行设计工作。设计任务书分为工程项目设计任务书和课题设计任务书，工程项目设计任务书不是本书重点，只作简单介绍。

1. 工程项目设计任务书

工程项目设计任务书包含如下内容：①项目名称；②立项依据；③规划要求；④用地环境；⑤使用对象；⑥设计标准；⑦设计内容；⑧工艺资料；⑨投资造价；⑩工程有关参数等其他内容。

2. 课题设计任务书

课题设计中，我们主要接触的是课题设计任务书（见附录一），它所包含的内容如下。

（1）设计任务：主要阐明课题设计的目标，交代环境条件以及用地情况。

（2）设计内容：罗列出该项目名称以及所需设计内容。

（3）设计要求：提出设计教学的要求和课题设计要求（如通过课题设计训练要求学生掌握正确的设计思维方法和操作方法，要求加强绘图的基本功训练等）。

（4）图纸要求：明确规定总图以及平面图、立面图、剖面图的数量与图纸比例；明确透视图的表现方法，甚至规定图幅尺寸。

（5）教学进度：详细制定出一个课题设计全过程的几个阶段及其教学内容与要求，以此制约设计教学按训练计划进行，并检查学生阶段性设计成果。

（6）参考文献指导学生课外查阅相关设计资料，以增强学生对设计课题的理性认识和学习借鉴他人的设计成果。

3. 课题设计任务书示例

参看本书附录一中的内容。

4.1.2　设计信息收集

设计任务书的内容表达的仅仅是设计信息输入的一部分，要使得设计方案建立在更扎实的准备基础上，还需获得更多的一手资料。因为信息量越大，越有利于方案设计的展开。可以采取如下手段进行信息收集：咨询业主、现场踏勘、调查研究、阅读文献。

1. 咨询业主

设计师的工作是具有创造性的，但是更为重要的是为人而设计。因而，认真且充分地和业主沟通十分必要。如果在阅读了设计任务书后，依然有不明白或是有歧义的地方，都可以通过与业主沟通得以解决。在和业主沟通前，可以做好咨询提纲，可以提高咨询效率（见附录二）。

2. 现场踏勘

每个设计，因为其具体的设计条件不同，最终都会呈现出不同的设计形式。这也是为什么没有两个设计是一模一样的道理。仅仅通过书面上的资料收集，并不能反映实际现场中的一些情况，设计者必须亲临现场对设计场所有一个切身的感受。因而，进行实地的现场踏勘就是一个非常重要的工作环节。设计师收集场地信息并对其做出评价，这个过程就是调查与分析。也可以理解为对客户需求的调查评估。

现场踏勘的内容包括如下几点：

（1）视察场地内的地形地貌特征，了解场地是否平整，是否有需要保留的现状物，如建筑、树木、设施等。

（2）巡视场地周边的环境条件，了解场地与视线之间的关系。分析用地外的环境因素，如建筑物、水体、道路绿化带等，远景的景点、景观方向、山脉等，以及这些条件对场地能产生什么样的影响（图4.2）。

图 4.2　场地与视线
［图片引自：豆丁网，现代景观设计教案］

（3）分析交通流线，人的活动规律以及车流量。

（4）了解场地周边的公共设施状况，城市供水、供电、供气的情况，这些管线有可能从哪个方向进入场地；排水的情况，记录场地里积水的地点，以及排水管和边沟的位置等。

（5）了解当地的气候条件：光照与温度的季节性影响、风向、土壤以及适宜生长植物等。

3．调查分析

调查，是对场地上现有物体进行登记。目的是为了收集和记录场地信息。分析是在调查的基础上进行的，设计师通过现场踏勘的调查结果，在场地上进行确认或思考相应的设计方法，分析可能出现的问题以及潜在影响，并把这个过程绘制成为思考图（后面讲到的分析图或泡泡图），这对下一步的设计导向相当的重要。

例如，以本案（图4.3）为例的庭院设计中，我们需要到实际场地记录的内容有建筑、交通流线、视线、公共设施、现有场地条件等。

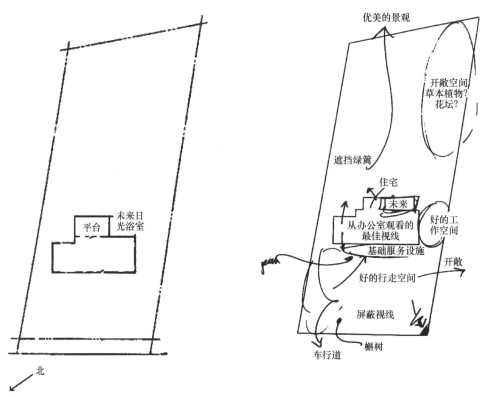

图4.3　庭院底图与现场调查

[图片引自：T·贝尔托斯基．园林设计初步．北京：化学工业出版社，2006]

调查内容包括以下几点。

（1）建筑。

1）建筑的风格、材质：这些因素在很大程度上会影响到庭园设计中所选用的植物色彩，铺装材料的色彩等。

2）主要的入口、门窗位置：建筑的入口会和交通流线产生重要联系，窗前则不应种植大丛的灌木，妨碍视线，同时具有安全隐患。

（2）交通路线（图4.4）。

明确主要线路包含哪些，车行路线和人行路线是否分开或混合使用；次要线路包含哪些，是否经常使用，观察步行交通的路线。记录经常使用的主要路线，用大箭头标出；不经常使用的次要路线，用小箭头标出。同时，需考虑停车场进入路线以及铺装人行道路、汀步等的硬质材质设计等。

（3）视线（图4.5）。

庭院场地周围是否有可以借鉴的良好视线？嘈杂的视线如何隔绝？以及潜在视线如何和他们发生联系。

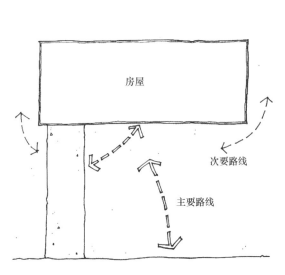

图 4.4　主要路线和次要路线
[图片引自：T·贝尔托斯基. 园林设计初步.
北京：化学工业出版社，2006]

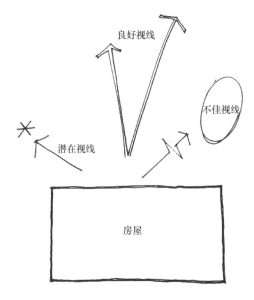

图 4.5　视线分析
[图片引自：T·贝尔托斯基. 园林设计初步.
北京：化学工业出版社，2006]

（4）公共设施（图 4.6）。

记录公共设施的位置，如电表箱、水泵、煤气表、电缆盒、垃圾箱等影响到视线，通常需要将其遮挡在视线之外，又要留出足够的操作空间；记录排水管和边沟的位置，在高架电力线下要避免种植大乔木。

（5）现有场地条件。

1）光照：会影响到房屋和场地周围的光照强度、温度及湿度。

2）风向：通常考虑阻止冬天的冷风影响，夏季则考虑利用主导风向降温。

3）土壤：土壤的组成、结构、pH 值、肥力等都会影响到景观树种的存活，这些元素都很重要，他们对设计起到很大的作用。

4. 查阅资料

查阅和收集相关的文献资料和设计手册，这些资料中经常提供有关的设计原则和具体资料。这些资料都是对以往同类的设计形成了一定的总结，对做好设计有很重要的参考价值。同时，现在互联网十分发达，获取资料变得十分便捷，而且都有着非常丰富且高质量的资料。养成随时查阅资料的习惯，能够使我们做设计之前，丰富夯实基础知识，并在之后的设计过程中，激发出我们的设计灵感。

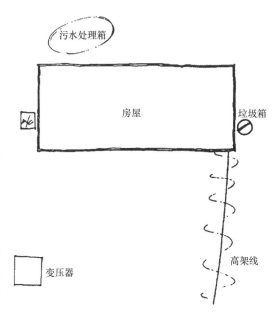

图 4.6　庭院公共设施记录
[图片引自：T·贝尔托斯基. 园林设计初步.
北京：化学工业出版社，2006]

资料收集的另一个过程是广泛地浏览古今中外相关的优秀设计作品实例或是他人的（包括高年级或本班同学）设计实例。分析其中的设计方法，这对于开阔自己的设计思路，提高设计能力十分的有益。也可以针对设计题目进行实地考察，体验设计完成后的真实空间里的感受。遇到好的作品，可以记录描绘下来，这样不但积累了自己设计创作的"词汇"，同时练习了手头表达的能力。

以上，我们完成了设计前期准备的大概介绍，准备了充足的前期设计资料后，我们就要开始着手进行方案设计了，接下来的阶段，我们把它称为方案的探索阶段。

4.2　方案的探索阶段

4.2.1　构思立意

设计前期的准备工作，无论是设计文件解读、设计信息收集还是设计条件分析，都是正式展开设计工作之前必需的环节。其目的是初步清楚影响并制约设计从起步直至实现设计目标全过程的各种因素，以便在正式展开设计工作时胸有成竹。

当进入方案设计的探索阶段时，包含如下环节：立意构思、方案起步、方案生成、方案比较、方案综合等都直接关系到设计方案的发展及最终质量。

在设计准备工作完成之后，设计者还需要在设计准备工作的基础上，先把握设计总的思路，并预设最后的设计目标，这就是立意与构思。

为了避免设计行为的盲目性和随意性，更为了最终设计成果具有独特性和创新性，设计者在着手设计运作前对创作主体的意念进行一番思考。也就是说，一个好的设计总是高度发挥创造想象力，不断进行创作立意与创作构思的结果。特别是在方案设计开始阶段的立意与构思具有开拓的性质，对设计目标的实现、设计成果独创性的展现都具有关键性的作用。因此，准确的立意与独特的构思往往是出色创作的胚胎。

1. 立意

何为立意？立意指的是设计者为了形成某种创作意图所进行的逻辑思维活动。这种创作意图可能是明确的，也可能是模糊的。尽管这些创作意图仅是一些意念的闪动，但在一定程度上却反映了设计者的主观意愿、思想感情、个性偏爱以及设计者试图要达到的目标和境界。

(1) 立意是想象力的迸发。

想象力对于设计创作而言是不可缺少的心智活动。创造想象是人们在创作活动中独立地去构成新形象的过程。它与创造性思维有密切联系，是创造性活动所必需的。创造想象参加到创造性思维中，结合过去的经验对头脑中现存的知识、信息进行碰撞、组合而诱发出崭新的意念，从而提出新的见解、创造新的形象，这是开展创造性活动的关键。

(2) 灵感是立意的催生剂。

灵感在创作立意过程中属于偶然性的灵机一动，从现象上看，虽然是偶然因素在起支配作用，但必然性是，如果没有丰富的知识和经验做根底，而坐等偶然因素来触发灵感就等同于守株待兔一般。灵感的产生必须建立在知识和经验的积累上，不可能一蹴而就。也就是说，设计者若头脑中储存的知识和经验信息量越大，他的想象力就越丰富，灵感就来的快来得多。知识与经验的积累是立意产生的基础。

(3) 哲学理念是立意高层次的出发点。

任何一位设计者在进行设计创作时，总是受到自己的设计理念支配的。各个设计者的设计理念不同，造成有的设计者立意浮浅，甚至毫无想法；有的设计者立意就会别出心裁、高人一等。想要创作立意高深，具有一定的设计哲学理念是不可缺少的。在现代设计理论发展过程中，产生了很多划时代的设计理念，如本书第6章"作品与实践"中提到的后现代主义、结构主义、极简主义、生态主义等，这些理念都有助于我们提升自己的理论高度。

华裔美国学生林樱（Maya Ying Lin）设计的华盛顿越战纪念碑（图4.7），其创作想象一反高大雄伟、庄严气魄的常规，为了寓意这场战争在美国人心中留下的创伤，设计者把它设计成"V"字形挡土墙，像伤痕一样凹陷在大地上，上面镌刻着5万多名侵越战争中死亡或失踪的军人姓名，让凭吊者的身影印在黑色的磨光花岗岩石碑上，似生者与生死对话。这既达到了对越战的纪念，又回避了对越战的宣扬，不能不说其立意与众不同。

图 4.7 华盛顿越战纪念碑
[图片来源：百度图片]

2. 构思

构思是设计的灵魂。构思并非一般的思考方式，更不是为了玩弄手法的胡思乱想，甚至"天马行空"的狂想。它是紧扣立意，以独特的、富有表现力的建筑语言达到设计新颖而展开发挥想象力的过程。而且这个思考的过程必须贯彻始终，以保证设计创作的整体性。

那么，什么是一个真正好的构思呢？

构思贵在创新，即应根据设计条件，抓住创新点，并在实施可行基础上的别出心裁，与众不同的思路。不少设计者认为设计形式上的标新立异，如搞解构、玩形式、帖符号、附表皮等故弄玄虚的设计手法就是一个好的构思。诚然，设计形式最容易表达设计者的"匠心"，也最能吸引人的眼球，备受大众关注。它也是设计创作所要刻意推敲和着意表达的设计目标之一。因此，追求形式很容易成为设计者构思的首选。但仅此而已，会陷入形式主义，误入创作歧途。现代设计创作的内涵和外涵都已经有了很大的扩展，设计已经融入了环境学、生态学、社会学、行为学、心理学、美学以及技术科学等宽广的领域。所有的这些，既会对设计创作带来限制与约束作用，又有可能成为设计创作的构思源泉。一个好的构思不应被束缚在单纯迷恋形式的圈子里，也应是对创作对象环境、功能、形式、技术材料文化等方面最深入的综合提炼结果。

构思的方法多种多样，比如由基地环境、自然环境产生的环境构思；由平面的功能、形态以及参观流线而产生的平面构思；以及源于文脉、隐喻、仿生、生态、高科技的造型构思（这部分内容可以具体参看《建筑设计方法》等相关书籍）。还有从项目自身产生的灵感构思，基于传统文化地方特色的立意及构思，以及旧有场地转译、心理需求满足、逆向构思等。

3. 扩展阅读

(1) 自然形式的模仿与抽象。

日本菊池袖珍公园 Kiriake（图4.8和图4.9）虽名为公园，却有别于以往人们对公园的认识，无一棵花草，无一片绿地，不见任何鲜艳色彩，从严格意义上讲，Kiriake 公园几乎没有色彩，而是整体呈现出从白色到深灰色明度间的变化，极富现代感，又可与周边道路、社区相融合。公园处于街角的狭长地带，虽然占地面积局促，设计师却从自然中获取灵感，以抽象的几何形构筑全园，为小镇带来时尚气息，成为让人惊艳之作。公园由三块大顽石，与一系列小石块，以及大、中、小三片水景组成，两个椭圆形水池随地形横纵分布，中间景观亭下面为规则圆形小池，在白色石材的映衬下显得异常清澈、明净，春夏之日，让人不禁生出亲身尝试的愿望。水景模拟大自然地貌，地面平缓下陷形成池底，池底石质洁白、触感光滑、视觉明亮，以及坐凳的高度与倾斜角度，都是对游赏戏水者的关爱。菊池袖珍公园 Kiriake 更多的将自然元素提炼、将自然神韵加以凝练，手法偏于写意。菊池袖珍公园 Kiriake 是自然场景的抽象、自然形态的抽象以及自然现象的抽象（此部分文字资料来源于百度文库）。

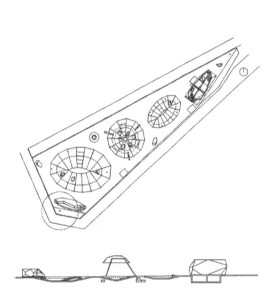

图4.8 日本菊池袖珍公园平面图
[图片来源：百度图片]

图4.9 日本菊池袖珍公园
[图片来源：百度图片]

(2) 逆向构思。

Fort de Roovere Trench 桥位于荷兰哈尔斯特伦市。侧面远景很难注意到它的存在，即使看到，也多半难以想到那是桥，它是水中隐形的通道，使人惊讶，出乎意料，设计思路反其道而行。什么是桥？桥是一种用来跨越河流、山谷等天然障碍与高速公路、铁路线等人工障碍的大型构造物。汉字"桥"就与高大乔木架于水上有关，水底、地下的称为隧道，那么在水中的又是什么呢？Fort de Roovere Trench 让人看到完全不同的桥。这种新的景观设计表达方式，首先由于要解决一组矛盾，Fort de Roovere Trench 桥所在的位置，是西布拉邦水上防线，由一系列城堡、城市及水道组成，已年久失修，亟待修复，既需要满足两岸方便出行，又要保证防线的完整性、隐蔽性，因此，设计师并未采用传统桥梁做法，而是选择了隐没在水中的形式（图4.10）。

（3）心理需求的满足。

如果说建筑偏于物质层面，那么景观则更多地关照内心世界。现代都市中的人们有怎样的心理诉求，这是展开草图纸着手设计前最该关注的。这世界多数地方，都面临生存压力、信仰缺失，生活在现代大都市的人们最为典型，往往易产生疲惫、麻木、焦虑、孤独、落寂、怀疑、失望等各种负面情绪及不安全感、缺乏活力、沟通障碍等种种问题。常接触自然，如果难以做到，就到花园去放松吧，也许这才是医治现代人心理疾患的一剂良药，让绿树与蓝天舒缓内心，让流水荡涤不快，在自然的勃勃生机中重燃活力，以满足心理诉求的角度构思立意，已经越来越多地被设计师关注并大量予以实践。

丹麦公园趣味长椅设计：表面上设计师只是将日常座椅造型改变，事实上，设计师对人群内心有着深刻的了解，轻松、温暖、欢乐、友善、趣味、参与、归属感、被接纳、好奇心满足、成为瞩目焦点……都是处于公共空间中人们的内心呼唤，加以满足，就相当于设计了一场公共参与的游戏（图4.11）。公共座椅成为街边、公园里的滑梯、跷跷板、双杠、攀登架……唤起每个成年人的童年记忆，对于儿童，这些奇怪的座椅，就是可以同时

图 4.10　Fort de Roovere Trench 桥
［图片来源：百度图片］

第 4 章　设计方法入门

和爸爸、妈妈、陌生人一起玩耍的大玩具。座椅只是公共空间景观设施中的一类，重新设计后，便可以促使城市氛围轻松愉快，增进人与人友善相处。可见，哪怕微小的改变，只要注重深刻了解并适度满足公众积极的心理诉求，就会让微笑更多绽放，善意在人与人之间传递，并延展开来，对公共环境产生良性影响，以至对社会整体环境产生"蝴蝶效应"。

图 4.11　丹麦公园趣味长椅
［图片来源：百度图片］

通过这一阶段立意与构思的逻辑思维活动，设计者对设计目标会有一个朦胧的意念，要想实现它，需要以图示语言的手段，将一开始对设计内外条件分析的结果以及立意与构思的意念逐步转化成方案设计的雏形。接下来的章节我们将介绍这部分内容。

4.2.2 场地设计

场地一般指的是建筑物周围环境的物质和文化条件，物理范围可以涵盖建筑物周围的一切环境因素，心理和文化范围则更加广阔，几乎涵盖了人文科学的各个层面。场地设计是为满足一个建设项目的要求，在基地现状条件和相关的法规、规范的基础上，组织场地中各构成要素之间关系的活动。

1. 场地测绘图

设计师可以直接从客户处获得场地测绘图，通常能够清晰地显示出场地边界线以及他们的长度和方位。场地测绘图上还可以包含建筑、构筑物、小径和铺装场地、花坛和乔木等内容（图 4.12）。

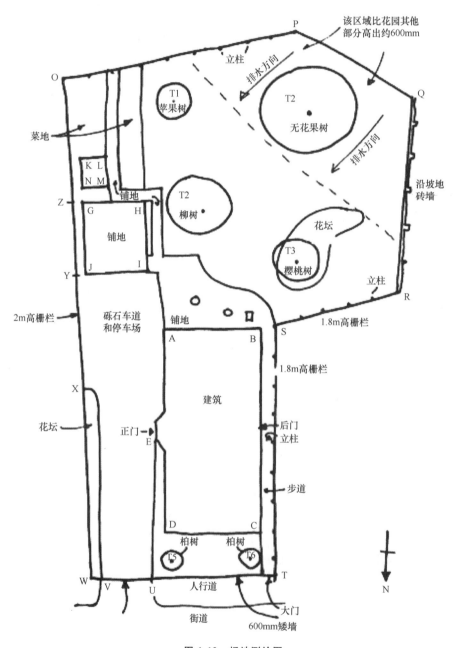

图 4.12　场地测绘图

［图片来源：豆丁网，现代景观设计教案］

2. 按比例绘制场地测量图

根据场地测绘图和所得的全部测量数据，就可以按照比例来绘制底图了。底图应该清晰准确地把场地踏勘和测量的信息表达出来（图 4.13）。

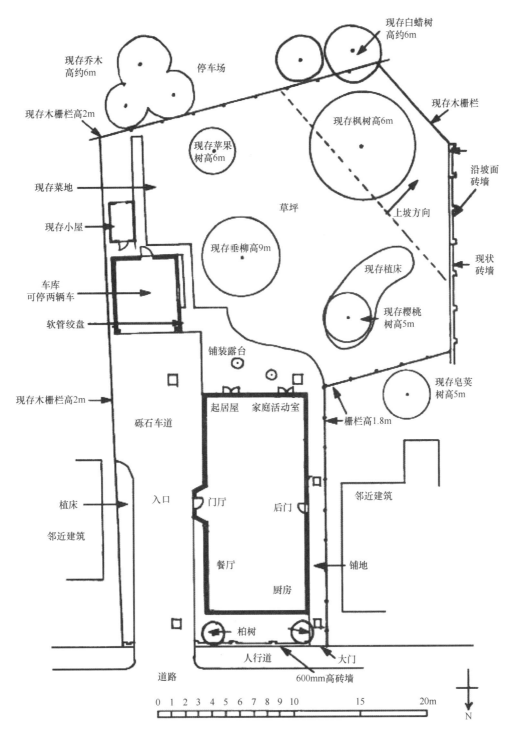

图 4.13　按比例绘制场地测绘图
[图片来源：豆丁网，现代景观设计教案]

3. 场地分析图

场地条件分析包含：场地的自然条件、场地的建设条件、场地的公共限制和场地的建筑艺术元素。

(1) 场地的自然条件包含：地形条件、气候条件、地质条件。

（2）场地的建设条件有：区域位置条件、周围场地条件、内部建设条件、市政设施条件。

（3）场地的公共限制：用地限制、用地性质、交通控制、密度控制、高度控制、人口状况。

（4）场地的艺术元素：场地文脉分析、场地图底分析、场地剖面、场地内重要的建筑及景观分析、场地内视线分析、体量分析、街道立面、当地居民调查等。

对于相对简单的设计，场地分析相对也要单纯得多（图4.14）。通过对场地的分析，综合设计师的思考，就能够得到场地评价图（图4.15）。场地评价图的综合过程，会在设计师的脑海里初步形成方案，这个阶段是方案构思重要的基础阶段，所做工作的细致认真程度，也会影响到后一步方案的质量。

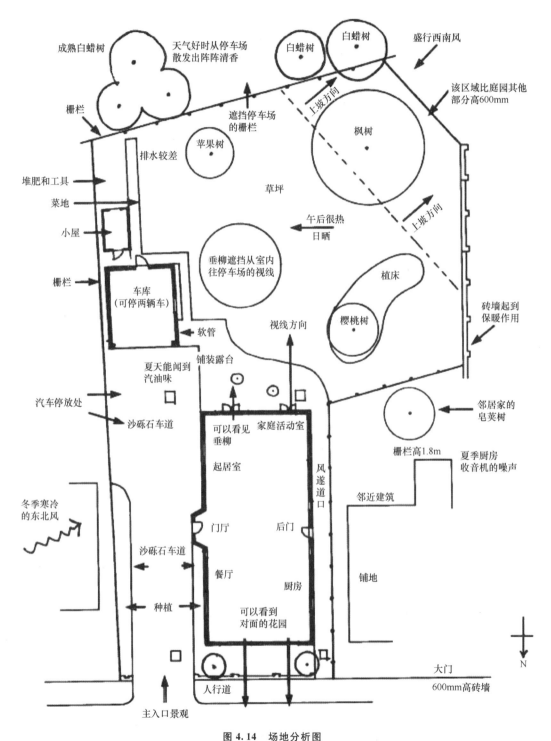

图4.14 场地分析图

[图片来源：豆丁网，现代景观设计教案]

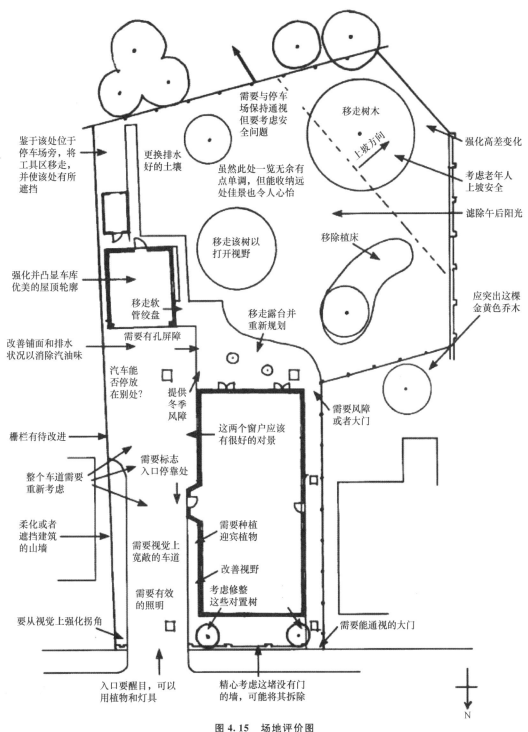

鉴于该处位于停车场旁,将工具区移走,并使该处有所遮挡

更换排水好的土壤

需要与停车场保持通视但要考虑安全问题

虽然此处一览无余有点单调,但能收纳远处佳景也令人心怡

移走树木

上坡方向

强化高差变化

考虑老年人上坡安全

滤除午后阳光

移走该树以打开视野

移除植床

强化并凸显车库优美的屋顶轮廓

移走软管绞盘

移走露台并重新规划

应突出这棵金黄色乔木

改善铺面和排水状况以消除汽油味

需要有孔屏障

汽车能否停放在别处?

提供冬季风障

这两个窗户应该有很好的对景

需要风障或者大门

栅栏有待改进

需要标志入口停靠处

整个车道需要重新考虑

需要种植迎宾植物

柔化或者遮挡建筑的山墙

需要视觉上宽敞的车道

改善视野

考虑修整这些对置树

需要有效的照明

要从视觉上强化拐角

需要能通视的大门

入口要醒目,可以用植物和灯具

精心考虑这堵没有门的墙,可能将其拆除

N

图 4.15　场地评价图

[图片来源:豆丁网,现代景观设计教案]

4.2.3　功能分析

1. 功能

功能要求是设计要求的重要组成部分,它和形式要求共同组成设计要求的重要内容。人类的各式各样的活动如居家活动、生产工作、公众活动和娱乐休闲等,产生了容纳这些活动的各类型空间,如住宅、院落、写字楼、学校、体育馆、广场、街道、公园……与功能产生直接联系的形式主要是空间。功能的不同,产生了简单的空间组织,也有复杂多变的组织结构。园林用地的性质不同,其构成内容也不同,园林规划设计的第一步工作就是要搞清楚各项内容之间的关系,合理的功能关系能保证各种不同性

质的活动、内容的完整性和整体秩序性。

各功能空间是相互密切关联的，它们之间常会有一些内在的逻辑关系，例如动与静、内部与外部、人工与自然等不同的空间特征及氛围的差异，通过一定的逻辑关系安排不同性质的内容就能保证整体的秩序性而不破坏各自的完整性。常见的有主次、序列、并列或混合关系，他们互相作用共同构成一个有机整体。

在园林设计中，各个要素以及他们之间的关系共同组成了园林空间，这些空间容纳了一定实质性的使用功能。

园林用地规划主要考虑下列几方面的内容。

(1) 找出各使用区之间理想的功能关系。

(2) 在基地调查和分析的基础上合理利用基地现状条件。

(3) 精心安排和组织空间序列。

2. 简单功能

在园林设计中，小尺度的空间最为典型的就是庭园空间。它通常是配合住宅出现的，这里面需要容纳人的居家活动，而设计把这些活动有逻辑、有组织的组合在一起，就形成了庭园设计。

庭院设计中根据人的活动，一般可把空间分为公共区、私密区和半私密区（图4.16）。

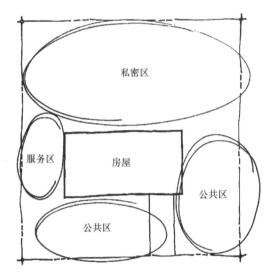

图4.16 庭院功能分区
[图片引自：T·贝尔托斯基. 园林设计初步.
北京：化学工业出版社，2006]

3. 复杂功能与图解分析法

功能设计无论从过程还是从最终结果来看都是一个复杂的系统，当功能过于繁多的时候，应该在方案设计之前整理出用地规划和布置，保证功能合理、尽量利用基地条件，使诸项内容各得其所，然后再分区分块进行各局的方案设计，若范围较小，功能不复杂，则可以直接进行方案设计。

当内容多，功能关系复杂时应借助于图解法进行分析。

图解思考定义：图解设计是运用速写草图（即图解法）帮助思考、进行设计的一种方法。在前一阶段对功能的充分理解之上，需要对这些复杂的关系和逻辑进行整理分析。分析是为了理清这些内容，分析是目的，图解思考是手段和方法。

图解法主要有框图、区块图、矩阵和网络4种方法，其中框图法（又称泡泡图解法）最常用。框图法能帮助快速记录构思、解决平面内容的位置、大小、属性、关系和序列等问题，是一种十分有用的设计方法。

在框图法中常用区块表示各使用区、用线表示其间的关系（图4.17和图4.18），用点来修饰区块之间的关系（图4.19）。图4.20是使用了区块、线、点等元素表达的一个方案构思图。

在图解法中若再借助于不同强度的联系符号或线条的数目表示出使用区之间关系的强弱则更清晰明了（图4.21）。当内容较多时，可先将各项内容排列在圆周上，然后用线的粗细表示其关系的强弱，从图中可以发现关系强的一些内容自然形成了相应的分组（图4.22）。图解法还可以解决设计问题中遇到的次序问题（图4.23），依照设计的主要、次要矛盾，分别理清各个问题的待解决的时间先后关系。

在设计中面临复杂功能关系时，图解法则更显示出了它强大的作用。图4.24表达了从理想关系着手进行的功能分区：从提出理想抽象的理念，到解决矛盾、提出解决思路，进一步考虑相对的尺寸以及主要交通，最终得到平面较为肯定的方案；图4.25表达了从内容本身出发解决功能关系；将所布置的内容排列出来，用粗框表示主要内容；对内容及其关系进行分析，找出它们之间逻辑上的关系；综合以上关系形成网络，表明相互间的关系。

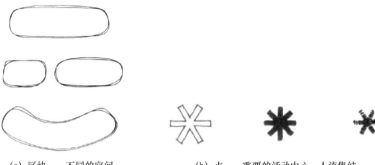

(a) 区块——不同的空间　　　　　　(b) 点——重要的活动中心、人流集结

图 4.17　方案构思图中的区块和点

[图片引自：T·贝尔托斯基.园林设计初步.北京：化学工业出版社，2006]

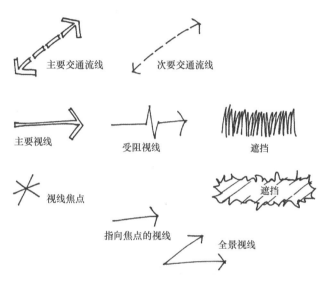

图 4.18　方案构思图中的线

[图片引自：T·贝尔托斯基.园林设计初步.北京：化学工业出版社，2006]

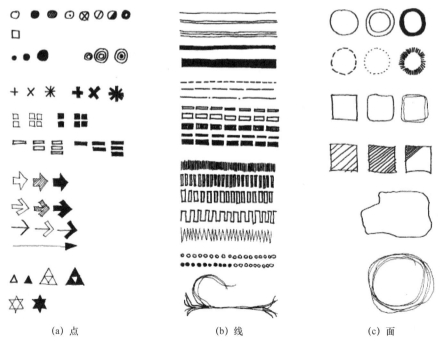

(a) 点　　　　　　　　(b) 线　　　　　　　　(c) 面

图 4.19　方案构思图中的点、线、面元素

[图片引自：T·贝尔托斯基.园林设计初步.北京：化学工业出版社，2006]

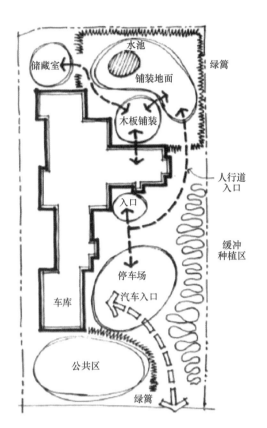

图 4.20　方案构思图

［图片引自：格兰特·W·里德．园林景观设计：
从概念到形式．北京：中国建筑工业出版社，2010］

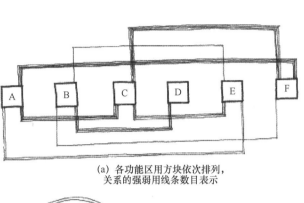

(a) 各功能区用方块依次排列，
关系的强弱用线条数目表示

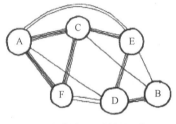

(b) 将关系强的放近一些　　　(c) 排列得更清楚些

图 4.21　用线条数目表示关系强弱的方法

［图片引自：爱德华·T·怀特．建筑语汇．
大连：大连理工大学出版社，2001］

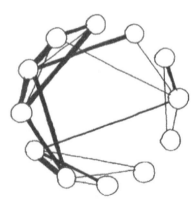

图 4.22　内容较多时的处理方法

［图片引自：爱德华·T·怀特．建筑语汇．
大连：大连理工大学出版社，2001］

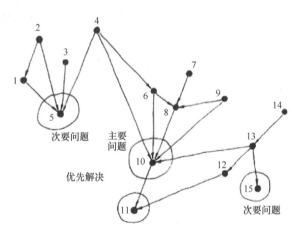

图 4.23　用图解法排列解决问题的次序

［图片引自：爱德华·T·怀特．建筑语汇．
大连：大连理工大学出版社，2001］

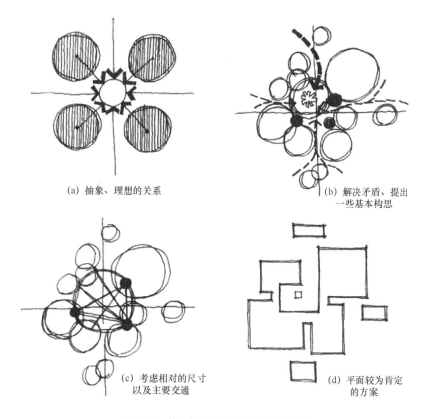

(a) 抽象、理想的关系

(b) 解决矛盾、提出
一些基本构思

(c) 考虑相对的尺寸
以及主要交通

(d) 平面较为肯定
的方案

图 4.24　从理想关系着手进行功能分区

[图片引自：爱德华·T·怀特．建筑语汇．大连：大连理工大学出版社，2001]

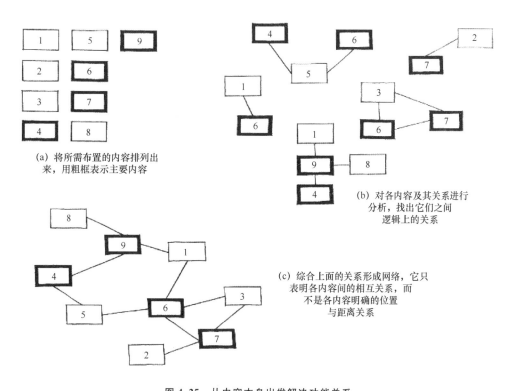

(a) 将所需布置的内容排列出
来，用粗框表示主要内容

(b) 对各内容及其关系进行
分析，找出它们之间
逻辑上的关系

(c) 综合上面的关系形成网络，它只
表明各内容间的相互关系，而
不是各内容明确的位置
与距离关系

图 4.25　从内容本身出发解决功能关系

[图片引自：爱德华·T·怀特．建筑语汇．大连：大连理工大学出版社，2001]

4.3 方案的生成

将前面的各项功能综合起来，就形成了方案构思，方案构思主要是用功能分析图或泡泡图来表达。本部分案例依然选取庭院设计作为讲解。

4.3.1 空间

方案构思用泡泡图来填充场地的全部空间。一个泡泡代表一个分区，这样可以避免遗漏某些区域（图4.26）。

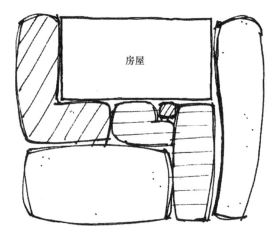 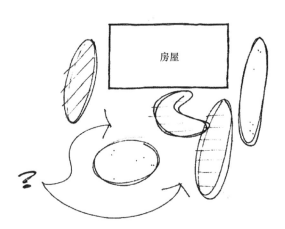

(a) 用泡泡来划分全部区域并组织场地平面　　(b) 泡泡太小，会造成不明确的遗漏空间

图4.26　方案构思和泡泡图

[图片引自：T·贝尔托斯基. 园林设计初步. 北京：化学工业出版社，2006]

4.3.2 功能

在庭院设计案例中，根据场地的不同，把前院或分为公共区，后院属于私密区，而连接前后院的侧院主要解决容纳公共设施的一些功能（图4.27）。前院、侧院、后院分别是该项目的各项功能。

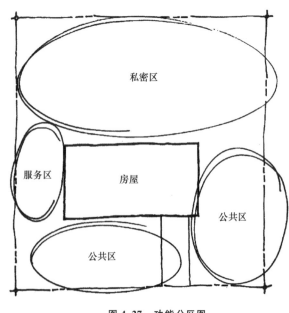

图4.27　功能分区图

[图片引自：T·贝尔托斯基. 园林设计初步. 北京：化学工业出版社，2010]

（1）前院：属于公共区，也有的前院更注重秘密和闭合。主要功能是引导人们从街上到达门前。路缘景色是需要考虑的因素，这样可以提高住宅的价值，获得令人艳羡的景观效果。车行道和入口小路的设计，需要考虑为人们提供舒适、安全的路线，同时应该具有一定的趣味性。同时，要划定清晰可识别的边界，在设计中的结合入口位置考虑接待区。这些是前院应该包含的功能。

（2）侧院：主要用于通行，连接前后院。可以考虑将垃圾箱、储藏等公共设施放在此区域。要考虑遮挡视线，同时当面积很大时，一样要考虑路缘景色。

（3）后院：主要容纳家人的活动和招待客人等。后院要考虑容纳的功能有娱乐区、休闲活动区以及业余爱好区域。

（4）娱乐区：考虑家人和客人烹饪、用餐等活动，此时的景观设计要考虑到活动面积的大小、材料的使用和植物的围合等，创造具有趣味的元素。

（5）休闲活动：主要考虑孩子们的游玩，游乐场设计。

（6）户主的业余爱好：考虑户主是否有种植花卉、蔬菜等需求。

这些功能要求，可以从和甲方充分的沟通中获得，或者准备相应的调查问卷，清晰地知道对方的需求是什么，然后按照这些需求，在设计中增加相应的内容，并且把这些内容合理地组织在一起。这就是对设计区域功能的理解，也是如何将功能融入到设计中的方法。

4.3.3 活动区与材料

用泡泡图将草图划分为各种活动区，并采用相应的材料（图4.28）。

（1）种植池：此区域既可以概括地称为"种植区"或"栽有低矮灌木、绿篱及大的落叶乔木区域"。

（2）草坪：草坪成本低廉，而且适用于许多活动，因此大多数设计都将其作为一个重要的组成部分。

（3）硬质景观：指硬质铺装的表面，如车行道、人行道、天井或露台等。

（4）遮挡区：用来遮挡不悦目的东西或能够遮阳挡风的区域。

（5）焦点：指视线的焦点景观。

（6）活动区：为不同的活动划分的区域，包括花园/菜园、工作区、用餐区、运动区、休闲区、娱乐区等。

4.3.4 交通流线

方案构思中应体现出确定的交通流线。场地上的合理交通流线有利于通行，而且可以保证安全（图4.29）。

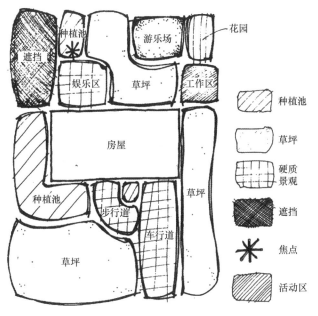

图 4.28　活动区和材质
［图片引自：T·贝尔托斯基. 园林设计初步.
北京：化学工业出版社，2010］

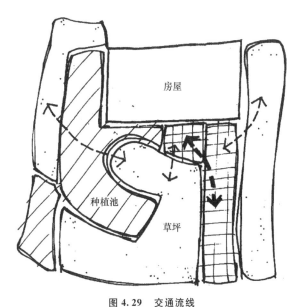

图 4.29　交通流线
（粗箭头表示主要交通流线，细箭头表示次要交通流线）
［图片引自：T·贝尔托斯基. 园林设计初步.
北京：化学工业出版社，2006］

（1）主要交通流线：主要交通流线与主要道路有关。在许多情况下，通向前门的小路是最常见也是最重要的，它是方便步行者从街道或车行道抵达前门的通道。

（2）次要交通流线：次要交通道路上的交通流量很少，从房屋正面或侧面通向后院的道路是最常见的次要通道，其他通道包括环工作区和娱乐区的道路。

4.3.5　视线分析

方案构思应体现出场地上经分析后的各种视线，包括现有视线（良好视线、不佳视线）和潜在视线（图4.30）。

（1）良好视线：现有的优美景观应予以保留，通常可以用开敞或框景的形式加以强调。

（2）不佳视线：种植植物或设置栅栏可以遮挡不悦目的物品，如垃圾箱、储藏区或道路等。方案构思应将这些区域遮挡于来自娱乐区等地的公众视线之外（图4.31）。

（3）潜在视线：某些区域内，几乎没有任何富有趣味性的景观。为了使这些区域更加吸引人，可以塑造水景、雕塑等焦点景观，或建造主题园林等。

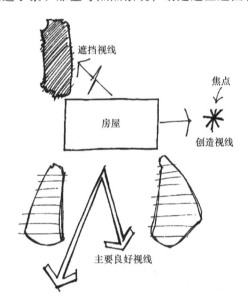

图4.30　视线分析
（方案构思应体现出分析中的视线，折箭头表示
需要遮挡的视线，星号代表焦点景观，
粗箭头表示主要景观）
［图片引自：T·贝尔托斯基．园林设计初步．
北京：化学工业出版社，2006］

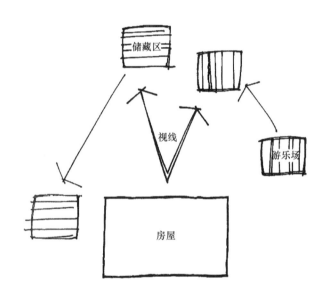

图4.31　视线可见性分析
（根据遮蔽的情况来确定分区：游乐场应位于人的
视线范围之内，而储藏区则应处于
视线范围之外）
［图片引自：T·贝尔托斯基．园林设计初步．
北京：化学工业出版社，2006］

4.3.6　方案形成

综合以上各方面因素，各个区域细节的考虑，得出代表不同功能分区的泡泡图，综合得出的分析图（图4.32）。由综合分析图，可以构思出初步的方案图（图4.33）。

4.3.7　多方案比较

对于方案设计而言，探索设计的思路是多方位的，这是由于影响设计的客观因素很多，在认识和对待这些因素时设计者任何思维变化都会导致不同的结果，其中没有简单的对与错，没有绝对意义的优与劣，而只有通过多种方案的分析、比较、选择相对意义上的最佳方案。

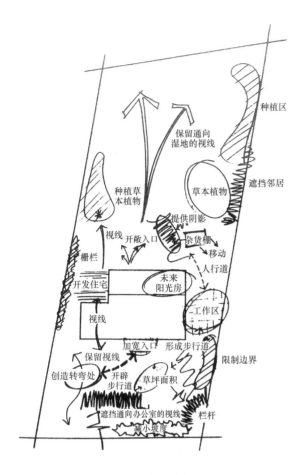

图 4.32 综合分析图
[图片引自：T·贝尔托斯基. 园林设计初步.
北京：化学工业出版社，2010]

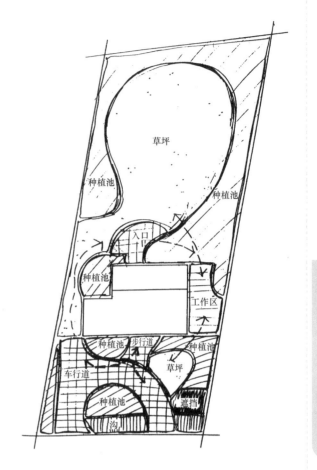

图 4.33 初步方案图（一）
[图片引自：T·贝尔托斯基. 园林设计初步.
北京：化学工业出版社，2010]

　　方案构思阶段以草图形式出现，在可能的时间内力求构思较多的方案。方案的多样可以使思维锻炼得快速而敏捷，彼此不雷同，这样会形成不同思路的比较，从而在众多方案中优选出最完善的。本案例的庭院设计方案，也有其他两个方案作为比较（图 4.34 和图 4.35）。

　　多方案的分析比较应侧重于 3 个方面。

　　（1）比较设计要求满足的程度。是否满足设计的基本要求是鉴别一个方案的起码标准。如是否表达了立意，内容是否完善，功能是否合理等。方案构思得再独特，没有解决基本要求，也绝不可能成为好的设计。

　　（2）比较个性是否突出。个性指风格的独特、手法的新颖，而不是简单地重复模仿现成的样品。好的作品具有鲜明的个性，具有吸引与打动观众的创新点。

　　（3）比较修改调整的可能性。任何方案都会有某些缺点与不足，我们从分析利弊关系中，抓住关键问题，方案应该具有可修改与调整的可塑性。

　　接下来经过方案的深入，就进入到方案图纸表达阶段。一个设计方案表达完整，需要由以下几个部分组成。

　　（1）设计的出发点（设计面临什么样的问题，希望通过什么方式解决）。

　　（2）方案设计本身（用建筑设计语言表达想法）。

　　（3）设计分析（通过图表等各种方式的分析来解析并具体化方案设计）。

　　（4）表现（渲染或拼贴等多元化、多手段表达设计方案）。

　　（5）排版（让读者愉悦的阅读设计内容）。

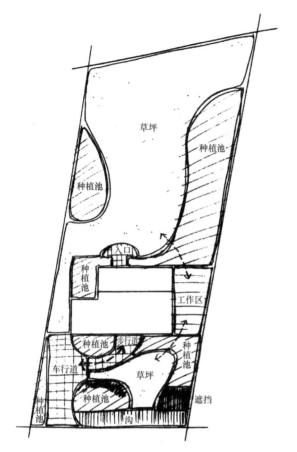

图 4.34 初步方案图（二）

[图片引自：T·贝尔托斯基. 园林设计初步.
北京：化学工业出版社，2010]

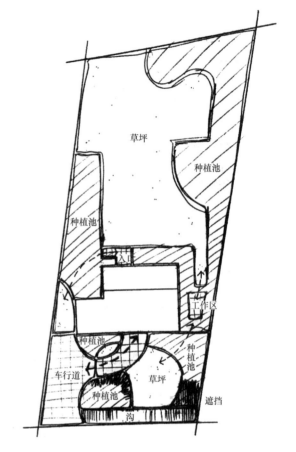

图 4.35 初步方案图（三）

[图片引自：T·贝尔托斯基. 园林设计初步.
北京：化学工业出版社，2010]

（6）叙事（逻辑并且有秩序的讲述设计的故事）。

方案图纸表达请参看本书第 5 章内容。

4.4 作业与思考

4.4.1 拆解案例——逆向图解

自选一套设计图纸，图纸需包括平面、立面、剖面和空间效果图等。如：室内设计方案（住宅、商场、办公室等室内空间均可）；景观设计方案（广场、公园等）或建筑设计方案。

按以下分析层次来拆解案例，将各个分层以图解的方式（包括气泡图、矩阵法、网络法、空间简图等）表达。

（1）功能布局图。

（2）交通分析图。

（3）空间分析图。

各分析图独立表达，表达方式不限。

作业内容要遵循以下的流程：①项目背景调查；②分层图解；③对方案的理解和综合分析（如项目选址的原因，人流路线设置是否合理，空间大小配置是否得当，项目中有哪些优点和缺点等）。

图纸 A3 不少于 2 张。

4.4.2 设计分析训练

1. 基地现状

用地北、东两侧为自然丘陵山地，被亚热带常绿阔叶林覆盖，生态条件较好，远期将建成生态保护型城市绿地，近期只做封山保护不作开发。南北向西林街是新区主要道路，道路西侧规划为多层居住建筑，其中临街一层辟为商铺。碧桂路南侧为另一居住小区，临路设通透式围墙，不设商铺。两个居住区均以多层经济适用房为主，建筑风格为清新简洁的现代风格，居住区入口见图。醉花路通向新区其他部分，丘陵山地成为新区绿心。

现状道路红线后退 10m 为公园设计范围，是 100m×90m 的矩形场地。10m 区域为道路扩建预留用地，近期 5m 为车行、步行绿化隔离带，5m 为人行道。设计用地原为农田，是从北往南略有倾斜的平地。用地中有南北穿越的自然溪流，水量充沛。用地东南角原有两大一小三栋农居，农居旁建有鱼塘，并有一棵 100 多年树龄的古银杏树（详见用地现状图，图 4.36）。

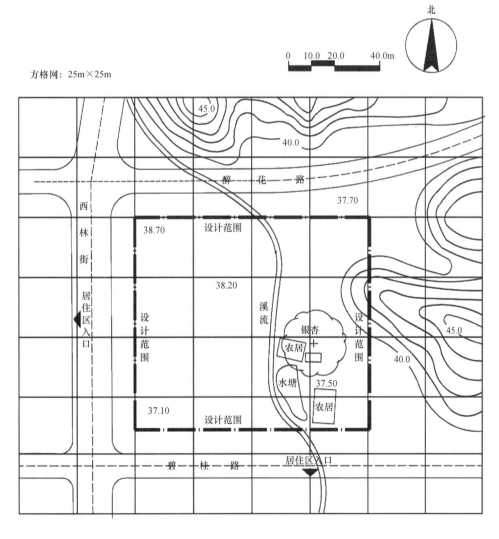

图 4.36 用地现状图
[图片来源：百度文库]

2. 设计要求

（1）公园为开放式，是周围居民休闲、活动、交往的场所，不设围墙和售票处。

（2）要求在公园西、南两侧设入口，并布置适量自行车、摩托车停车场地，根据周围环境和用地性质自行安排主次入口位置。

（3）公园中要建造一处一层服务建筑，总建筑面积 150m² 左右，功能为管理、厕所、小卖部、活动室。其余位置可少量点缀 1~2 处亭廊花架等建筑小品。其他设施由设计者自定。

（4）设计应符合相关规范；要求尊重场地现状特征，因地制宜；要求就地保护银杏古树；设计风格不限。

3. 要求完成如下图解

（1）基地分析图。

（2）功能分析图。

（3）方案构思图。

第 5 章　制图与效果图表达

5.1　工程线条图

用尺规和曲线板等绘图工具绘制的，以线条特征为主的工整图样称为工程线条图。工程线条图的绘制是园林设计制图最基本的技能。绘制工程线条图应熟悉和掌握各种制图工具的用法、线条的类型、等级、所代表的意义及线条的交接。

5.1.1　工具的使用

园林设计制图工具多种多样，每个初学者都应熟练掌握常用制图工具的使用方法和规范，以保证制图的质量和提高作图的效率。

1. 绘图用笔

常见的绘图用笔包括：铅笔、直线笔、针管笔、绘图小钢笔等（图5.1）。

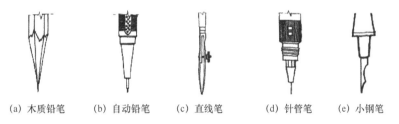

(a) 木质铅笔　　(b) 自动铅笔　　(c) 直线笔　　(d) 针管笔　　(e) 小钢笔

图 5.1　绘图用笔

［图片引自：王晓俊．风景园林设计．南京：江苏科学技术出版社，2009］

（1）铅笔。绘图铅笔中最常用的是木质铅笔。根据铅芯的软硬程度分为 B 型和 H 型，"B" 表示软铅芯，"H" 表示硬铅芯，其前面的数字越大，则表示该铅笔的笔芯越软或越硬，"HB" 介于软硬之间属中等。削铅笔时，铅笔尖应削成锥形，铅芯露出 6～8mm，并注意一定要保留有标号的一端。画线时，铅笔应向走笔方向倾斜。除了木质铅笔外，自动铅笔也很常见，铅芯有 0.35mm、0.5mm、0.7mm 和 0.9mm 4 种规格，硬度多为 HB。绘图时，常根据不同用途选择不同型号的铅笔。通常 B 或 HB 用于画粗线，即定稿；H 或者 2H 用于画细线，即打草稿；HB 或者 H 用于画中线或书写文字。此外还要根据绘图纸选择绘图铅笔，绘图纸表面越粗糙选用的铅芯应该越硬，表面越细密选用的铅芯越软。

（2）直线笔。又称鸭嘴笔，笔尖由两扇金属叶片构成，用螺钉调整两金属片间的距离，可画出不同宽度的线。绘图时，在两扇叶片之间注入墨水，注意每次加墨量不超过 6mm 为宜。执笔画线时，螺帽应该向外，小指应该放在尺身上，笔杆向画线方向倾斜 30°左右。

（3）针管笔。又称为绘图墨水笔，通过金属套管和其内部金属针的粗度调节出墨量的多少，从而控制线条的宽度，能像钢笔一样吸水、储水，有 0.1～1.2mm 不同的型号。

（4）绘图小钢笔。绘图小钢笔是由笔杆和钢制笔尖组成，绘图小钢笔适合用来写字或徒手画图用。其可以蘸不同浓度的墨水画出深浅不同的线条，用后应将笔尖的墨迹擦净。

2. 图板

图板表面平整、光滑，是用来放图纸的工具，轮廓呈矩形。它可分为 0 号图板（900mm×1200mm）、1 号图板（600mm×900mm）、2 号图板（400mm×600mm）3 种。绘图时可以根据绘图内容来确定所选用图板的型号（图 5.2）。

3. 丁字尺

丁字尺是一个丁字形结构的工具，是由尺头和尺身两部分组成的，尺头与尺身相互垂直。尺身的一边带有刻度，是用来画直线的。使用时，尺头内侧始终靠紧绘图板的一边，用手按住尺身，沿尺子的工作边画线（图 5.2）。

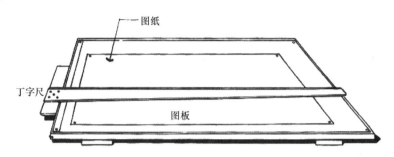

图 5.2　图板和丁字尺

[图片引自：王晓俊. 风景园林设计. 南京：江苏科学技术出版社，2009]

4. 三角板

一副三角板有两块，一块为 45°的等腰直角三角形，另一块为 30°、60°的直角三角形，且等腰直角三角形的斜边等于 60°所对的直角边。三角板有多种规格可供绘图时选用（图 5.3）。

5. 比例尺

比例尺是按一定比例缩小线段长度的尺子，常用的比例尺是三棱尺，比例尺上的单位是 m。比例尺上有 6 种不同刻度，可以有 6 种不同的比例应用，还可以以一定比例换算，较常用比例有 1∶100、1∶200、1∶300、1∶500 和 1∶1000（图 5.3）。

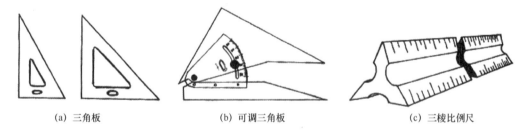

(a) 三角板　　　　　　　　(b) 可调三角板　　　　　　　　(c) 三棱比例尺

图 5.3　三角板和比例尺

[图片引自：王晓俊. 风景园林设计. 南京：江苏科学技术出版社，2009]

6. 模板

在有机玻璃板上把绘图常用到的图形、符号、数字、比例等刻在上面，以方便作图。常用的有曲线板、建筑模板、数字和字母模板等。

（1）曲线板。曲线板是用来画非圆曲线的工具。可用它来画弯曲的道路、流线形图案等，非常方便。用曲线板画曲线时，应根据需要先确定曲线多个控制点，然后根据所画曲线的形状，选择和曲线上相同的部分，按顺序把曲线画完（图 5.4）。

（2）建筑模板。建筑模板主要绘制常用的建筑图例和常用符号，也可绘制相关形态的图形和量取尺寸等。

7. 圆规和分规

（1）圆规。圆规是画圆和面弧线的专用仪器，使用圆规要先调整好钢针和另一插脚的距离，使钢针尖扎在圆心的位置上，使两脚与纸面垂直，沿顺时针方向速度均匀地一次画完 [图5.5（a）]。

（2）分规。分规是用来量取线段或等分线段的工具，分规的两个脚都是钢针。用分规量取或等分线段时，一般用两针截取所需要长度或等分所需线段的长度 [图5.5（b）]。

图5.4 曲线板
[图片引自：王晓俊. 风景园林设计.
南京：江苏科学技术出版社，2009]

（a）圆规 （b）分规

图5.5 圆规和分规
[图片引自：王晓俊. 风景园林设计.
南京：江苏科学技术出版社，2009]

5.1.2 制图常规

为了在园林设计中能准确把握设计的技巧及制图的基本方法和要求，就要求每一个园林设计者，都必须牢固掌握制图常识。学习绘图，就要掌握制图的基本标准及绘图的基本步骤和方法。

1. 图纸幅面与图框

图纸幅面是指图纸本身的大小规格。园林制图采用国际通用的 A 系列幅面规格的图纸。A0 幅面的图纸称为零号图纸，A1 幅面的图纸称为壹号图纸等。相邻幅面的图纸的对应边之比符合 $\sqrt{2}$ 的关系。在图纸中还需要根据图幅大小确定图框。图框是指在图纸上绘图范围的界限（图5.6）。图纸幅面规格及图框尺寸见表5.1。

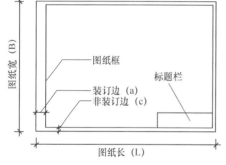

图5.6 图框范围
[图片来源：百度图片]

表5.1   图纸的幅面及图框尺寸   单位：mm

图幅	A0	A1	A2	A3	A4
$B \times L$	841×1189	594×841	420×594	297×420	210×297
c	10			5	
a	25				

注 B 为图纸宽度；L 为图纸长度；c 为非装订边各边缘到相应图框线的距离；a 为装订宽度（横式图纸左侧边缘、竖式图纸上侧边缘到图框线的距离）。

2. 图纸布局

（1）标题栏。标题栏又称图标，用来简要地说明图纸的内容。标题栏中应包括设计单位名称、工程项目名称、设计者、审核者、描图员、图名、比例、日期和图纸编号等内容。标题栏除竖式 A4 图幅位于图的下方外，其余均位于图的右下角（图5.7）。标题栏的尺寸应符合 GBJ 1—86 规范规定，长边为 180mm，短边为 40mm、30mm 或 50mm。

（2）会签栏。需会签的图纸应设会签栏，其尺寸应为 75mm×20mm，在内应填写会签人员所代表的专业、姓名和日期（图 5.8）。

许多设计单位为使图纸标准化，减少制图工作量，已将图框、标题栏和会签栏等印在图纸上。另外，各个学校的不同专业尚可根据本专业的教学需要自行安排标题栏中的内容，但应简单明了。

（3）线条的宽度等级。在绘制图框、标题栏和会签栏时还要考虑线条的宽度等级。图框线、标题栏外框线、标题栏和会签栏分格线，应分别采用粗实线、中粗实线和细实线，线宽详见表5.2。

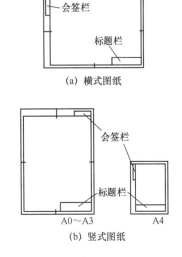

（a）横式图纸

（b）竖式图纸

图 5.7　横式和竖式图纸

[图片引自：王晓俊. 风景园林设计.
南京：江苏科学技术出版社，2009]

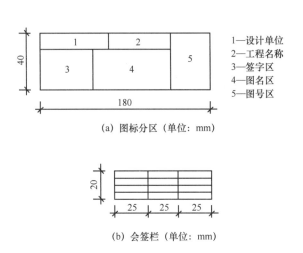

（a）图标分区（单位：mm）

1—设计单位
2—工程名称
3—签字区
4—图名区
5—图号区

（b）会签栏（单位：mm）

图 5.8　标题栏和会签栏

[图片引自：王晓俊. 风景园林设计.
南京：江苏科学技术出版社，2009]

表 5.2　　　　　　　　　　图框、标题栏和会签栏的线条宽度等级　　　　　　　　　　单位：mm

图幅	图框线	标题栏外框线	栏内分格线
A0、A1	1.4	0.7	0.35
A2、A3、A4	1.0	0.7	0.35

3. 字母、数字和文字

图面上的各种字母、数字、符号和文字应该书写瑞正、清楚，排列整齐美观。

（1）字母和数字。字母和数字分成 A 型和 B 型。A 型字宽（d）为字高（h）的 1/4，B 型字宽为字高的 1/10。用于题目和标题的字母和数字又分为等线体（图 5.9）和截线体（图 5.10）两种写法。按照是否铅垂又分为斜体（图 5.11）和直体（图 5.12）两种，斜体的倾斜度为 75°。

ABCDE　GHIJK　ABCDE456 1234

图 5.9　等线体字母和数字示例

[图片来源：彭谌绘制]

LFKb9　abcd234　αβ124　ANC069

图 5.10　截线体字母和数字示例

[图片来源：彭谌绘制]

ABCDEFGHIJ　123456789

图 5.11　斜体字母与数字书写示例

[图片来源：彭谌绘制]

A B C D E F G H I J   1 2 3 4 5 6 7 8 9

图 5.12 直体字母与数字书写示例

[图片来源：彭谌绘制]

（2）文字。制图标准规定文字的字高（代表字体的号数，即字号），应从如下系列中选用：3.5mm、5mm、7mm、10mm、14mm、20mm。如需书写更大的字，其高度应按 $\sqrt{2}$ 的比值递增。图样及说明中的汉字宜采用长仿宋体，宽度与高度的关系应符合表5.3的规定。

表 5.3　　　　　　　　图框、标题栏和会签栏的线条宽度等级　　　　　　　　单位：mm

字高（字号）	20	14	10	7	5	3.5	2.5
字宽	14	10	7	5	3.5	2.5	1.5
（1/4）字高			2.5	1.8	1.3	0.9	0.6
（1/3）字高			3.3	2.3	1.7	1.2	0.8
使用范围	标题或封面用字		各种图标题用字		1. 详图数字和标题用字； 2. 标题下的比例数字； 3. 剖面代号； 4. 一般说明文字		
			1. 表格名称； 2. 详图及附注标题		尺寸、标高及其他		

为了保证美观、整齐，书写前先打好网格，字的高宽比为3：2，字的行距为字高的1/3，字距为字高的1/4，书写时应横平竖直，起落分明，笔锋饱满，布局均衡（图5.13）。

园林规划设计剖面图画架设计方案详图节点构造房屋钢筋混凝土说明比例照明构思方法前后意图广场道路花坛

图 5.13 长仿宋体书写示例

[图片来源：百度图片]

4. 标注和索引

为了满足工程施工的需要，还要对所绘的建筑物、构筑物、园林小品以及其他元素进行精确的、详尽的尺寸标注。图纸中的标注应按照国家制图标准中的规定进行标注，标注要醒目准确。

（1）线段的标注。线段的尺寸标注包括尺寸界限、尺寸线、起止符号和尺寸数字（图5.14）。尺寸界线与被注线段垂直，用细实线画，与图线的距离应大于2mm。尺寸线为与被注线段平行的细实线，通常超出尺寸界线外侧2～3mm，但当两个不相干的尺寸界线靠得很近时，尺寸线彼此都不出头，任何图线都不得作为尺寸线使用。尺寸线起止符号可用小四点、空心圆和短斜线，其中短斜线最常用。短斜线与尺寸线成45°角，为中粗实线，长2～3mm。线段的长度应该用数字标注，水平线的尺寸应标在尺寸线上方，铅垂线的尺寸应标在尺寸线左侧。当尺寸界线靠得太近时可将尺寸标注在界线外侧或用引

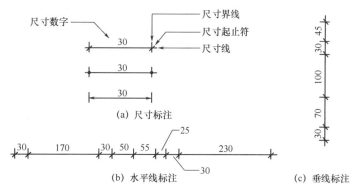

图 5.14 线段标注（单位：mm）

[图片引自：王晓俊. 风景园林设计. 南京：江苏科学技术出版社，2009]

线标注。图中的尺寸单位应统一，除了标高和总平面图中可用 m 为标注单位外，其他尺寸均以 mm 为单位。所有尺寸宜标注在图线以外，不宜与图线、文字和符号相交。当图上需标注的尺寸较多时，互相平行的尺寸线应根据尺寸大小从远到近依次排列在图线一侧，尺寸线与图样之间的距离应大于 10mm，平行的尺寸线间距宜相同，常为 7～10mm。两端的尺寸界线应稍长些，中间的应短些。并且排列整齐。

(2) 圆（弧）和角度标注。圆或圆弧的尺寸常标注在内侧，尺寸数字前需加注半径符号 R 或直径符号 D、φ。过大的圆弧尺寸线可用折断线，过小的可用引线。圆（弧）、弧长和角度的标注都应使用箭头起止符号（图 5.15）。

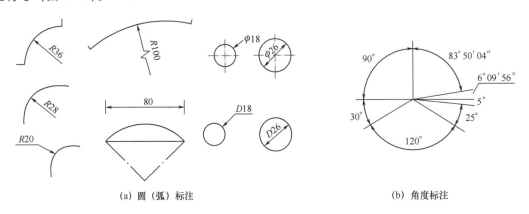

(a) 圆（弧）标注　　　　　　　　　　　(b) 角度标注

图 5.15　圆（弧）和角度标注

［图片引自：王晓俊．风景园林设计．南京：江苏科学技术出版社，2009］

(3) 标高标注。标高标注有两种形式。一是将某水平面如室内地面作为起算零点，主要用于个体建筑物图样上。标高符号为细实线绘的倒三角形，其尖端应指至标注的高度，倒三角的水平引线为数字标注线。标高数字应以 m 为单位，注写到小数点以后第三位。二是以大地水准面或某水准点为起点算零点，多用在地形图和总平面图中。标注方法与第一种相同，但标高符号宜用涂黑的三角形表示（图 5.16）。标高数字可注写到小数点以后第 3 位。

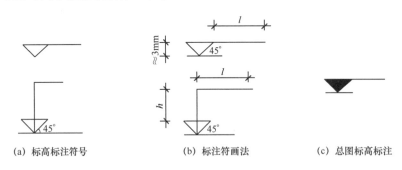

(a) 标高标注符号　　　　　　(b) 标注符号画法　　　　　　(c) 总图标高标注

图 5.16　标高标注

［图片引自：王晓俊．风景园林设计．南京：江苏科学技术出版社，2009］

(4) 坡度标注。坡度常用百分数、比例或比值表示。坡向采用指向下坡方向的箭头表示，坡度百分数或比例数字应标注在箭头的短线上。用比值标注坡度时，常用倒三角形标注符号，铅垂边的数字常定为 1，水平边上标注比值数字（图 5.17）。

图 5.17　坡度标注

［图片引自：王晓俊．风景园林设计．南京：江苏科学技术出版社，2009］

（5）曲线标注。曲线一般采用网格法标注（图 5.18）。标注时，所选网格的尺寸应能保证刷线或图样的放样精度，精度越高，网格的边长应该越短。尺寸的标注符号与直线相同，但因短线起止符号的方向有变化，故尺寸起止符号常用小圆点的形式。

（6）索引。在绘制施工图时，为了便于查阅需要详细标注和说明的内容，应标注索引。索引符号为直径 10mm 的细实线圆，过圆心作水平细实线直径将其分为上下两部分，上侧标注详图编号，下侧标注详图所在图纸的编号。涉及标准图集的索引，下侧标注详图所在图集中的页码，上侧标注详图所在页码中的编号，并应在引线上标注该图集的代号。如果用索引符号索引剖面详图，应在被剖切部位用粗实线标出剖切位置和方向，粗实线所在的一侧即为剖视方向（图 5.19）。

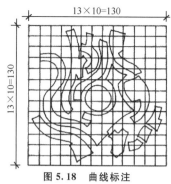

图 5.18 曲线标注

［图片引自：王晓俊．风景园林设计．南京：江苏科学技术出版社，2009］

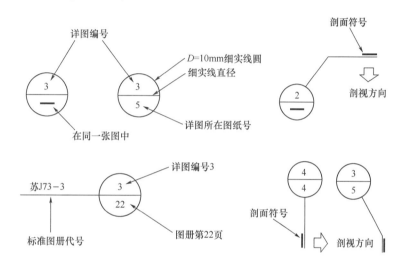

图 5.19 索引

［图片引自：王晓俊．风景园林设计．南京：江苏科学技术出版社，2009］

5.1.3 线条图

线条图是用单线勾勒出景物的轮廓和结构，方法简便，易于掌握。线条练习是园林设计制图的一项重要基本功。

1. 工具线条图

工具线条应粗细均匀、光滑整洁、边缘挺括、交接清楚。作墨线工具线条时只考虑线条的等级变化；作铅线工具线条时除了考虑线条的等级变化外，还应考虑铅芯的浓淡，使图面线条对比分明。不同线条铅芯浓淡的选择如表 5.4 所列。通常剖断线最粗最浓，形体外轮廓线次之，主要特征的线条较粗较浓，次要内容的线条较细较淡。

2. 徒手线条图

徒手线条图是不借助尺规工具用笔手绘各种线条，"得心应手"地将所需要表达的形象随手勾出。运笔流畅，画直线要笔直；曲线婉转自然；长线贯通；密集平行线密而不乱；描绘形象能准确地勾画在正确的位置上。

表 5.4 不同线条铅芯浓淡的选择

线条名称	铅芯软硬度		
剖切线	HB	F	F
外轮廓线	HB	F	F
一般实线或虚线	F	H	2H
尺寸线、分格线	H	2H	3H
中心线、引出线	3H	4H	5H

学画徒手线条图可从简单的直线练习开始。在练习中应注意运笔速度、方向和支撑点以及用笔力量。运笔速度应保持均匀，宜慢不宜快，停顿干脆。运笔力量应适中，保持平稳。基本运笔方向为从左至右、从上至下。通过简单的直线线条练习掌握绘制要领之后，就可以进一步进行直线线条及线段的排列、交叉和叠加的练习。在这些练习中要尽量保证整体排列和叠加的块面均匀，不必担心局部的小失误。除此之外，还需进行各种波形和微微抖动的直线线条练习，各种类型的徒手曲线线条及其排列和组合的练习，不规则折线或曲线等乱线的徒手练习以及点、圈、圆的徒手练习等，因为它们也是徒手线条图中最常用的（图5.20）。

图 5.20　徒手线条练习

［图片引自：刘磊．园林设计初步．重庆：重庆大学出版社，2011］

5.2　效果表达图

园林设计效果表达是极为重要的一个环节，任何优秀的设计如果没有优秀的效果表达，与外界沟通交流时都不能达到预期的效果。一个合格的设计师除了具备优秀的设计能力外，也必须具备效果表达的基本技能。现今电脑技术迅猛发展，各种效果图制作软件被广泛运用，但电脑制图却无论如何也取代不了设计师笔下的世界。

5.2.1　钢笔徒手画

钢笔画是用同一粗细或略有粗细变化，同样深浅的钢笔线条加以叠加组合，来表现景观及其环境的形体轮廓、空间层次、光影变化和材料质感。钢笔画一般都用黑色墨水，白纸黑线，黑白分明，表现效果强烈而生动。用笔有普通钢笔、美工笔、针管笔、蘸水钢笔，有些与钢笔性能相近的硬笔所画出的画也列在钢笔画的范围，如塑料水笔、签字笔、马克笔、鹅毛笔等。设计图中很多平面与立面的表现要靠钢笔画来完成，钢笔画与在钢笔画基础上着色的淡彩是常用的表现手法。此外，钢笔画广泛应用在速写记录形象、搜集资料、勾画草图、完成快题设计等方面，成为从事设计工作不可欠缺的基本技能。

钢笔徒手画有多种表现方法，有以勾勒轮廓为基本造型手段的"白描"画法，有以表现光影，塑造体量空间的明暗画法，以及两种画法相兼的综合画法。

1. 白描画法

钢笔画中白描画法秉承了中国绘画的传统，得到了较为广泛的运用。尤其是与设计方案相关的钢笔画，简要表现严谨的形象，正确的比例、尺度甚至是尺寸，需要交待清楚很多局部、细节，因而更适合白描画法。白描画法也可以表现空间感，如利用勾线的疏密变化，在形象的转折部位与明暗交接的部位使线条密集；在画面的次要部位适当地省略形成空白；主体形象勾画粗一些的线条，远处的形象勾画细一些的线条等。以这些虚实、强弱的处理产生一种空间感，使画面生动（图5.21）。

2. 明暗画法

明暗画法细腻、层次丰富，光影的变化使形象立体、空间感强，因而具有真情实景的感觉，适合于描绘表现图（图5.22）。明暗画法要处理好明暗线条与轮廓线条之间的关系，要求具备较强的绘画基本功。

3. 白描与明暗的结合画法

有时以白描为主的画法略加明暗处理，能得到兼顾的效果（图5.23）。

图 5.21　白描画法
［图片引自：刘磊. 园林设计初步.
重庆：重庆大学出版社，2011］

图 5.22　明暗画法
［图片引自：刘磊. 园林设计初步.
重庆：重庆大学出版社，2011］

图 5.23　白描与明暗的结合画法
［图片引自：刘磊. 园林设计初步.
重庆：重庆大学出版社，2011］

5.2.2　马克笔效果图

随着科技与时代向前发展，设计不断地创造着人类的新生活，赋予生活新的含义。美好的设计需要出色的表达，要快速、清晰地表达自己的设计构思，设计师必须掌握相应的手绘技法，而马克笔因为其自身的特性也越来越被各行业的设计师所认可。

1. 马克笔的特点

马克笔又称麦克笔，是英文"MARKER"的译音，意为记号笔，起初主要是包装工和伐木工使用，其笔迹宽大、醒目，后来被画家和设计师所重视、采用，从原来简单的原色发展到现在从浅到深，从灰到纯的上百种的色彩。马克笔具有成图迅速、着色简便、色泽艳丽、笔触清晰、携带方便以及表现力强的特点，极大地方便了设计师。

韩国 Touch 牌马克笔的色号，如图 5.24 所示。

2. 表现技巧

（1）笔触。控制马克笔的方法和练线条是相似的，一样要注意果断快速，线条要有张力（图5.25）。

（2）渐变与叠加。物体受光时，光影通常是逐渐变化的，马克笔是通过线条的变化和颜色的叠加来表现物体的受光变化，这样会使画面表现更加清楚、逼真（图5.26）。

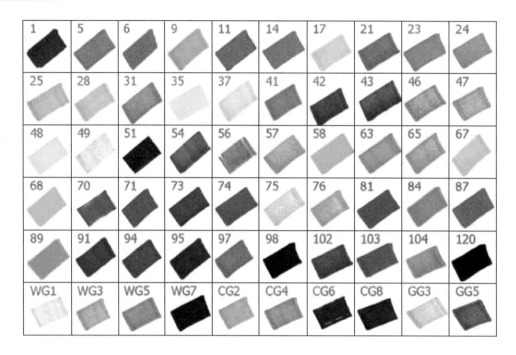

图 5.24 Touch 牌马克笔色号
［图片来源：网络］

图 5.25 马克笔笔触
［图片来源：百度图片］

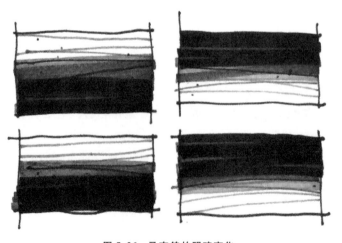

图 5.26 马克笔的明暗变化
［图片引自：王蕾．园林设计初步．北京：机械工业出版社，2016］

（3）体块与光影。通过形体的光影训练，掌握马克笔颜色渐变的关系及过程，有利于空间及形体的表现（图5.27）。

3. 景观元素的表现

（1）石材。在大自然中，石材是没有完全一样的，尽管石材种类很多，但它也有其自身的特征。在上色时，应注意表现石材的体量和造型（图5.28）。

图5.27　马克笔空间表现
［图片来源：百度图片］

图5.28　石材的表现
［图片来源：百度图片］

（2）水体。水本身是无色透明的，但在一般情况下，人通常认为水是蓝色的。水的笔触应和谐统一，切忌不要一会儿横、一会儿竖，使画面杂乱（图5.29）。

图5.29　水体的表现
［图片来源：百度图片］

（3）建筑。给不同建筑上色，应注意是什么材质就选定什么颜色，并通过质感来塑造形象（图5.30）。

（4）植物。上色时应该注意表现植物的特征，由浅及深做退晕变化。植物多数在表现图中起烘托气氛、丰富构图的作用。当植物作前景或背景时，上色应简单，否则会主次不分（图5.31）。

4. 表现步骤

（1）起稿。用墨线笔打底稿，线条画到结构线即可，不用表现出阴影和暗部的线条（图5.32）。

（2）打底色。打底色的顺序应由浅入深、由上及下（图5.33）。

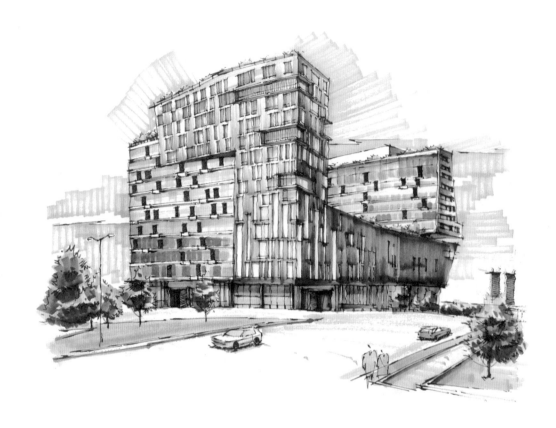

图 5.30 建筑的表现
[图片来源：百度图片]

图 5.31 植物的表现
[图片来源：百度图片]

图 5.32 钢笔线稿

[图片引自：王蕾. 园林设计初步. 北京：机械工业出版社，2016]

图 5.33 打底色

[图片引自：王蕾. 园林设计初步. 北京：机械工业出版社，2016]

（3）明暗关系。在各个界面的底色基础上做出明暗关系。这步是用明度更大的色彩加强界面立体感的过程（图5.34）。

图 5.34　明暗关系
[图片引自：王蕾．园林设计初步．北京：机械工业出版社，2016]

（4）细部刻画。强调主景，调整画面（图5.35）。

图 5.35　细部刻画
[图片引自：王蕾．园林设计初步．北京：机械工业出版社，2016]

5.2.3　渲染图

渲染图是以均匀的运笔将色彩或墨水均匀的表现在画面上的效果图。这样的效果图一般看不出着色的笔触和痕迹。

图 5.36　水墨渲染图
［图片来源：百度图片］

1. 水墨渲染图

水墨渲染是用水来调和墨，在图纸上逐层染色，通过墨的浓、淡、深、浅来表现对象的形体、光影和质感。水墨渲染作为无彩色的渲染技法不可能以单色水彩代替。在排除色彩因素的干扰对光照效果分析是十分必要的（图 5.36）。

水墨渲染方法有 3 种：平涂法、退晕法和叠加法。

平涂法用来表现受光均匀的平面。在大面积的底子上均匀地涂布水墨。要使平涂色均匀，首先要把颜料一次调足，要稀稠合适，然后要尽量使用大些的笔（涂大面积可使用板刷）有秩序地涂抹，用力要均匀，使笔笔衔接不留痕迹。

退晕法用来表现受光强度不均匀的面或曲面，如天空、地面、水面的远近变化以及屋顶、墙面的光影变化；作法可由深到浅或自浅到深。

叠加法用来表现需细致、工整刻画的曲面如圆柱；事先将画面按明暗光影分条，用同一浓淡的墨水平涂，分格逐层叠加。

2. 水彩渲染图

以均匀的运笔表现均匀的着色是水彩渲染的基本特征。无论是"平涂"还是"退晕"，所画出的色影都均匀而无笔触，加上水彩颜料是透明色，使得这种方法特别适合运用在设计图中。没有笔触、均匀而透明的色彩附着在墨线图上，各种精细准确的墨线依然清晰可见，墨线与色彩互相衬托，有相得益彰的效果。

水彩渲染可以反复叠加。叠加后的色彩显得沉着，有厚重感，能够表现复杂的色彩层次。在表现图中有时水彩渲染与水彩画结合，对所描绘的形象进行深入细致的刻画，作为"建筑画"的一种表现技法，水彩渲染有着独特的艺术魅力（图 5.37）。

水彩渲染的方法基本上和水墨渲染相同，有三种：平涂法、退晕法和叠加法。

5.2.4　水彩水粉图

前文已经介绍过水彩渲染的画法，创作普通的水彩画时所使用的工具和方法基本与渲染时相同，只是水彩画不要求均匀而不留笔触的表现方法，在表现手法上相比渲染图更加自由奔放，并且也更注重画面的艺术表现力。

水彩与水粉十分类似，其实水粉颜料就是不透明的水彩颜料。但是也有一定区别。比如，水彩不具备可覆盖性，不便于图面的修改，而水粉则能反复描绘；水彩的画面一般显得比较淡和薄，色彩饱和度相对水粉较低，但却形成它独特的清雅风格，独树一帜。

图 5.37　水彩渲染图
［图片来源：百度图片］

1. 水彩表现图

水彩画的工具和材料前文中都已介绍过，这里将接受水彩画的基本表现技法（图5.38）。

（1）干画法和湿画法。

干画法是指在干底子上着色，作画时要待前一层颜色干后再涂上第二层色，层层加叠，前一层色与第二层色有较明晰的界限，所以也有称之为多层画法。湿画法是利用水分的融合，使两块颜色自然地互相接合的一种方法，作图时趁前笔颜色涂上还未干时，接上后笔，使笔与笔之间的衔接柔和，边缘滋润。

（2）水分的掌握。

图5.38　水彩表现图
［图片来源：百度图片］

水分的运用和掌握是水彩技法的要点之一。水分在画面上有渗化、流动、蒸发的特性，画水彩要熟悉"水性"。掌握水分应注意时间、空气的干湿度和画纸的吸水程度。

时间：进行湿画时间要掌握得恰如其分，叠色太早太湿易失去应有的形体，太晚底色将干，水色不易渗化，衔接生硬。一般在重叠颜色时，笔头含水宜少，含色要多，便于把握形体，以可使之渗化。如果重叠之色较淡时，要等底色稍干再画。

空气的干湿度：画几张水彩就能体会到，在室内水分干得较慢，在室外潮湿的雨雾天气作画，水分蒸发更慢。在这种情况下，作画用水宜少；在干燥的气候情况下水分蒸发快，必须多用水，同时加快调色和作画的速度。

画纸的吸水程度：要根据纸的吸水快慢相应掌握用水的多少，吸水慢时用水可少，纸质松软吸水较快，用水需增加。另外，大面积渲染晕色用水宜多，如色块较大的天空、地面和静物、人物的背景，用水饱满为宜；描写局部和细节用水适当减少。

（3）"留白"的方法。

与油画、水粉画的技法相比，水彩技法最突出的特点就是"留白"的方法。一些浅亮色、白色部分，需在画深一些的色彩时"留白"出来。水彩颜料的透明特性决定了这一作画技法，浅色不能覆盖深色，不像水粉和油画那样可以覆盖，依靠淡色和白粉提亮。恰当而准确地留白，会加强画面的生动性与表现力；相反，不适当地乱留白，易造成画面琐碎花乱现象。着色之前把要留空之处用铅笔轻轻标出，关键的细节，即或是很小的点和面，都要在涂色时巧妙留出。

图5.39　水粉表现图
［图片来源：百度图片］

2. 水粉表现图

水粉表现图是使用水调和粉质颜料绘制而成的一类图。它的色彩可以在图面上产生艳丽、柔润、明亮、浑厚等艺术效果。由于水粉颜料具有覆盖性能，便于反复描绘，既有水彩画法的酣畅淋漓，又有油画画法的深入细腻，产生的画面效果真实生动，艺术表现力极强。

水粉表现（图5.39）的基本技法一般有

4 种。

（1）白色作为调色剂。

水粉画的性质和技法，与油画和水彩画有着紧密的联系。它与水彩画一样都使用水溶性颜料，如用不透明的水粉颜料以较多的水分调配时，也会产生不同程度的水彩效果，但在水色的活动性与透明性方面，则无法与水彩画相比拟。含粉意味着对水色流畅的活动性产生限制的作用。因此，水粉画一般并不使用多水分调色的方法，而采用白粉色调节色彩的明度来显示自己独特的色彩效果。

（2）薄画法与厚画法。

调配水粉颜色，使用水分与白粉色的多少，是体现表现技法和水粉画特色的重点。薄画法是用水使颜料稀薄成为半透明，少用白色，水分使颜色产生厚薄和明度变化，发挥了似水彩那样的湿画渗化效果，绘图过程是先浅后深，深色压住浅色。厚画法是少用水分，使用较多的颜料和白色来提高颜色的厚度和明度，绘图过程是先深后浅，浅色压住深色。但注意水粉色不可涂得过厚，如色层过厚，颜色干后易出现色层龟裂剥落，发生图面受损的情况。

（3）干画法与湿画法。

水粉画中的干湿画法与水彩的完全相同。在水粉表现图中，干画法以厚涂较多，湿画法以薄涂较多。

（4）水粉画的衔接。

水粉颜料要画得色块明确、轮廓清楚比较容易，但要画得衔接自然、柔和就比较难。当颜色未干时，颜色比较容易衔接。冷暖两个色块，也可以趁色未干时在连接两个色块的地方进行部分重叠，混合后产生一个过渡的中间色，使衔接自然柔和，没有生硬的痕迹。而颜色干燥以后，就失去湿画时的效果。此时可以将需要衔接的部位，用干净的画笔刷上一层清水，使已干的色相状况恢复到潮湿时的状况，再根据色相状况来调配衔接的颜色。

5.2.5 计算机效果图

计算机表现是最近几十年来最炙手可热的表现形式，相对手绘表现，计算表现有快速，可修改性强等特点，加快了园林设计的工作效率，但这并非说明电脑表现已经完全取代手绘表现，常常是两者相辅相成。

计算机表现主要是依据相应的软件制作，在风景园林设计中主要应用到设计的有 AutoCAD、3DS Max、Photoshop、SketchUp、Lumion、BIM、GIS 等。这些软件都在不断更新中，其界面越来越友好，操作越来越简单，上手越来越容易。

1. AutoCAD

CAD 即计算机辅助设计（Computer Aided Design）的英文缩写。为了在计算机上应用 CAD 技术，美国 Autodesk 公司在 20 世纪 80 年代初开发了绘图程序软件——AutoCAD。经过不断更新和改进，AutoCAD 已经成为国际上广为流行的绘图工具，它广泛应用于土木建筑、装饰装潢、城市规划、园林设计、电子电路、机械设计、服装设计、航空航天、轻工化工等诸多领域。

AutoCAD 可以绘制二维图形，也可以创建三维的立体模型。与传统手工制图相比，使用 AutoCAD 绘制出来的园林图纸更加清晰、精确。当熟练掌握软件和一些制图技巧以后，还可以提高工作效率。

2. 3DS Studio Max

3DS Max 或者 3D，其全称是 3D Studio Max。它是美国 Discreet 公司开发的基于 PC 系统的三维模型制作和渲染软件。3DS Max 的前身是基于 DOS 操作系统的 3D Studio 系列软件，3DS Max 对 CG（Computer Graphics）制作产生了历史性的影响。

3DS Max 主要用于制作各类模型与渲染以及制作视频。如风景园林效果图、建筑室内外效果图、展示效果图及相应动画等。在建筑设计领域，有专门的版本 3D Studio VIZ 针对建筑设计做了优化。

3. Photoshop

Adobe Photoshop，简称"PS"，是由 Adobe Systems 开发和发行的图像处理软件，也是最为优秀的图像处理软件之一，Photoshop 主要处理以像素所构成的数字图像。使用其众多的编修与绘图工具，可以有效地进行图片编辑工作。PS 有很多功能，在图像、图形、文字、视频、出版等各方面都有涉及。它的应用范围十分广泛，如应用在图像、图形、视频、出版等方面。Photoshop 已成为几乎所有的广告、出版、软件公司首选的平面图像处理工具。这里所讲的图像处理要与图形创作区别开来。图像处理指的是对现有的位图图像进行编辑加工处理或为其增添一些特殊效果；而图形创作则是按照设计师的构思创意，从无到有地设计矢量图形。Photoshop 的优势在于处理位图图像，而对矢量图形的处理则要依靠其他矢量做图软件。

随着 Photoshop 软件版本的提高，功能越来越强大，使用更为简单方便。Photoshop 的主要功能是图像编辑、图像合成、校色调色以及特效制作，风景园林中主要用于图片的后期处理。

4. SketchUp

SketchUp，简称 SU，是一款直观灵活、易于使用的三维设计软件，最初由 Last Software 公司开发发布，2006 年被 Google 公司收购。SketchUp 是一种设计辅助软件，主要用于创建三维，定位于设计草图。它的工作界面非常简单，功能也比较少。实际上，可以非常快速和方便地将创意转换为三维模型，并对模型进行创建、观察和修改。与其说它是一款建模软件，倒不如说它是一款设计软件。与 3DS Max 相比较而言，SketchUp 更利于在设计初期进行反复推敲和修改。在风景园林、城市规划、建筑设计中应用非常广泛。

5. Lumion

Lumion 是由荷兰的 Act - 3D 公司开发，它是一个实时的 3D 建筑可视化软件，用来制作电影和静帧作品，涉及的领域包括建筑规划和设计。软件在图形渲染、景观环境、夜景灯光、材质表现和性能表现上都非常出色，人们通过 Lumion 能够直接在自己的电脑上创建虚拟现实，渲染速度非常快，可以大幅降低制作时间。用该软件能非常方便地制作园林设计视频，其中天空、水面的表现非常出色。

6. BIM

建筑信息模型（Building Information Modeling，BIM）是来形容那些以三维图形为主、面向对象、建筑学有关的电脑辅助设计。目前主要基于 AutoCAD 软件。

建筑信息模型用数字化的建筑组件表示真实世界中用来建造建筑物的构件。对于传统电脑辅助设计用矢量图形构图来表示物体的设计方法来说是个根本的改变，因为它能够结合众多图形来展示对象。

建筑信息模型涵盖了几何学、空间关系、地理信息系统、各种建筑组件的性质及数量（例如供应商的详细信息）。建筑信息模型可以用来展示整个建筑生命周期，包括了兴建过程及营运过程。提取建筑内材料的信息十分方便。建筑内各个部分、各个系统都可以呈现出来。BIM 具有可视化即"所见即所得"的特点，能够用以协调各参与单位，对设计施工与运营过程进行优化模拟，并可出相应的图纸。用于三维渲染、快速算量、精确计划、数据对比、虚拟施工、碰撞检查和提供决策支持。

7. GIS

GIS 是地理信息系统（Geographic Information System）的简称，是能提供存储、显示、分析地理数据功能的软件。主要包括数据输入与编辑、数据管理、数据操作以及数据显示和输出等。作为获取、处理、管理和分析地理空间数据的重要工具、技术和学科，得到了广泛关注和迅猛发展。

现代景观规划领域，GIS 以其强大的空间分析功能为景观规划师提供了新的方法，增加了规划师对规划成果的视觉感受，从而使其能够准确地了解和把握自然景观状态，在景观规划及景观设计中提供新的思路。GIS 系统在景观设计中具体有：用地适宜性分析评价、地势地形分析、坡度坡向分析、景观视线视域分析等。

常用的 GIS 软件有：ESRI 公司的 ArcGIS，MapInfo 公司的 MapInfo，中地数码公司的 MapGIS，超图软件公司的 SuperMap，中天灏景公司的 ConversEarth，武大吉奥公司的 GeoStar。

5.2.6　模型制作

园林景观模型是按照一定比例将景物缩微而成，是传递、解释、展示设计项目和设计思路的重要工具和载体。所以，应根据不同模型的用途选取适宜的材料、工艺进行制作，同时要考虑符合美学的原则和处理技术，以加强模型的可视性、可交流性。

1. 模型的类别

（1）以设计内容区分。

1）造型设计模型。为单体或组合体的造型，像雕塑、环境景观中的各类小品，如水池、花坛、园凳、路牌、路灯等。其种类繁多，使用材料也最为广泛。

2）建筑设计模型。园林建筑多是小型建筑，如公园大门与票房、展室、小卖部、码头、别墅等。

3）室内设计模型。各种建筑的室内空间分割、室内外空间的联系、室内外装修、陈设等。

4）城市、小区规划设计模型。规划设计模型的建筑为群体，着重于整体布局，与环境绿地结合为综合性的开阔景观。

5）公园、庭园景区设计模型。表现造园掇山理水的诸多手法。此类设计模型最生动、最美观。

6）古建筑实测模型。再现古建筑的精华，如亭、桥、舫、榭、牌楼、角楼等。

（2）以使用方式区分。

1）基础训练模型。以线材、面材、块材塑造立体形象，组合空间关系，培养抽象思维的能力，建立形式美感的视觉观念。

2）方案构思模型。这类模型属于工作模型。形象概括简洁，侧重于方案的分析、比较，是理念的构思过程。只表现主要的局部关系，更多的细节雕琢加以省略。

3）方案实况模型。它是设计图纸全部落实后的再现，造型准确、逼真，刻画所有必要的细节。它是设计平立剖图、表现图、模型三位一体介绍方案的重要组成部分。

4）展览、竞赛模型。这类模型更侧重于艺术表现。有的极其精致，有的极其概括，有的色彩通体单色，有的以照明渲染出神话般的境界，有时不拘于写实，以象征、抽象、装饰的手法表现鲜明强烈的艺术风格。

（3）以加工材料区分。

1）木材类模型。目前已有各种形状、各种型号的线材、板材、块材的模型木制品。可以黏合、咬合、榫卯，加工方法多样且成形美观。

2）塑料类模型。包括有机玻璃、各种苯板、泡沫塑料、吹塑制品、塑料薄膜、塑料胶带以及其他类别的复合制品。塑料类的材料色彩鲜艳而且丰富。

3）纸品类模型。纸品类有卡片纸、瓦楞纸、草板纸、玻璃纸、植绒纸、砂纸、电光纸、纸胶带、压缩纸板以及其他类别的复合纸。纸品类加工最为便利，成形的手段也最多。

4）金属类模型。金属类常用铝材、马口铁、铜线、铅丝等。金属材料的加工略复杂，除一般工具外，需要部分机械加工设备。

5）综合类模型。上面所介绍的材质类别通常是一种材料为主，容易达到整体的统一和谐。实际运用中有时会适当地与其他材料结合。

2. 各类模型的特征

（1）造型设计模型。造型设计模型是显露的空间关系，一般在通透、开敞的空间展开。一是造型本身的塑造；二是造型与相处环境的高低落差变化。因为空间关系单纯，所占面积又不大，制作时比较简单。以设计平面图为蓝本，完成竖向造型。

（2）方案构思模型。方案构思模型在建筑设计构思的过程中广泛运用。建筑造型做"体块模型"；分析结构做"框架模型"；推敲空间做"面材穿插模型"；群体布局做"体块组合模型"。基于辅助构思的功能，统称为"工作模型"。工作模型是设计方案的立体草图，不要求多么精致，省略细节的刻画，因而可以快速地解决相关阶段的问题。

（3）建筑设计模型。建筑设计模型属于正式设计方案的再现，要求微缩的比例、尺寸非常准确，各种建筑局部与主要细节交代清楚，色彩、质感得到表现，模型的加工制作精巧，模型具有长期保留的价值。建筑模型的环境处理较为灵活，写实的手法与建筑形象相协调。抽象、装饰的手法又可以形成对比。

（4）室内设计模型。室内设计模型常采用屋顶或一个立面呈敞开状或可以打开的形式，以便清楚看到室内的内部状态。由于室内设计需要画很具体的室内立面图，天花板平面图，面不同视角的色彩表现图以及一定数量的大尺寸详图，因而模型侧重空间分隔、色彩、材质、固定设施等方面。在室内家具、室内陈设、装饰细节方面比较概括或省略。

（5）城市和小区规划设计模型。规划模型的场面大，有开阔的地域，运用沙盘模型表现。往往采用照明的手法，变换照明来介绍规划的状况。

（6）公园和庭园景区模型。公园和庭园的设计要充分利用造园的手法，地形地貌复杂，景观丰富多样，从而模型的制作较为多样和复杂。这类模型重在抒情，表现优美的环境，往往以写意的手法，尺寸不特别严格，建筑类景点采用夸张、放大尺寸来表现，园路比较明显，有引导、游览的作用。如果公园的面积大，也可用沙盘来表现。

3. 模型制作的步骤

不同类别模型有不同的表现方法，制作模型的步骤也不尽相同。这里笼统介绍一下过程。有的模型可能不涉及其中某些环节（图5.40）。

（1）绘制模型制作平面图。将模型标题、设计平面图以及要求在模型上表现的内容通过构图画出模型制作平面图。与绘制景区平面图一样，注意留边，图块之间的间距以及在模型板面上布局的虚实关系。

（2）按比例尺制作底板。根据加工情况，底板上可以再加复合层，以适应不同需求。

（3）标明部件位置。根据制作平面图，在底板上标明各主要部件的位置。在制作中要进行多次标注。

（4）塑造地形的竖向关系。主要包括山体、坡地、台阶。

（5）制作水池、草地、铺地、道路。

（6）粘合建筑与立体造型。把单独完成的建筑与立体造型粘合上去。依照先大后小，先主体后宾体的次序。

（7）加树木衬景、落实标题、指北针、说明文字等。室内设计模型属于比较特殊的类型，但先地面后地上，先大部件后小部件，先整体后局部的规律是一致的。

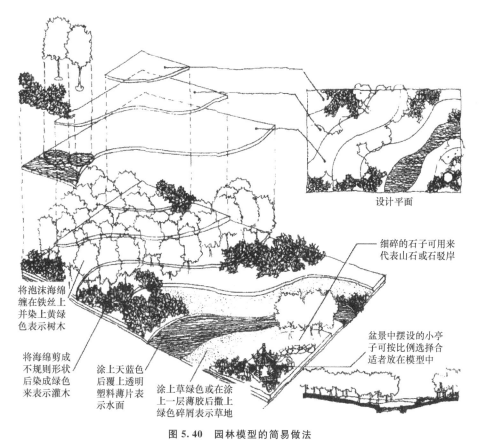

设计平面

细碎的石子可用来
代表山石或石驳岸

将泡沫海绵
缠在铁丝上
并染上黄绿
色表示树木

将海绵剪成
不规则形状
后染成绿色
来表示灌木

涂上天蓝色
后覆上透明
塑料薄片表
示水面

涂上草绿色或在涂
上一层薄胶后撒上
绿色碎屑表示草地

盆景中摆设的小亭
子可按比例选择合
适者放在模型中

图 5.40 园林模型的简易做法

[图片引自：刘磊 . 园林设计初步 . 重庆：重庆大学出版社，2011]

5.3 作业与思考

5.3.1 字体构图练习

字体构图练习要求如下。

（1）以仿宋字、数字、字母完成一张构图。

（2）构图完整，图画均衡，字体书写规范。

（3）钢笔徒手表现。

（4）3 号图或 4 号图。

5.3.2 钢笔徒手线条抄绘练习

钢笔徒手线条抄绘练习要求如下。

（1）以徒手钢笔线条抄绘完成若干构图。

（2）图面整洁，线条流畅，等级明确。

（3）3 号图。

5.3.3 马克笔练习

马克笔练习要求如下。

（1）在熟悉掌握马克笔笔触技巧的基础上，完成景观石材、水体、植物、建筑、小品和铺装的练习图。

（2）图面整洁，线条流畅。

（3）3 号图。

5.3.4 色彩渲染练习

色彩渲染练习要求如下。

（1）在掌握色彩构成原理的基础上，临摹所给的环境透视图，按要求完成一幅完整的色彩渲染练习图。

（2）水彩、毛笔、彩色铅笔、彩色水笔、水彩纸等。

（3）2 号图或 3 号图。

5.3.5 计算机制图练习

计算机制图练习要求如下。

（1）在掌握 AutoCAD 绘图基本命令基础上，临摹小庭院平面图。

（2）注意线型和粗细的设置。

（3）使用布局界面排版。

第6章 作品与实践

6.1 大师作品赏析

6.1.1 美国城市公园和国家公园

1. 城市公园

19 世纪，美国在进入相对稳定的时期之后，园林事业开始有所发展。此时，在园林界出现了一位举足轻重的人物——道宁（Andrew Jackson Downing）。1841 年，26 岁的道宁因写出造园界的不朽名著《造园论》而一跃成为造园界的权威。此后，他担任《园艺家》杂志的主要撰稿人和主编，对公园建设发表了很多独到的见解，由他设计的新泽西州西奥伦治的卢埃伦公园成为当时郊区公园的典范，他还改建了华盛顿议会大厦前的林荫道。道宁从英国园林作品中受到很多启示，高度评价美国的大地风光，乡村景色，并强调师法自然的重要性；他主张给树木以充足的空间，充分发挥单株树的效果，表现其魅力的树姿及轮廓，这一点对于今天的园林设计者来说，仍有借鉴意义。

继承并发展了道宁思想的另一位杰出人物奥姆斯特德（Frederick Law Olmsted），采用了"Landscape Architecture"这一说法，1854 年他与沃克斯（Calvert Vaux）合作，以"绿草地"为题赢得了纽约中央公园设计方案竞赛的大奖，从此名声大振，开创了城市公园的先河，并传播了城市公园的思想。此后，美国的城市公园的发展取得了惊人的成就。

当时，纽约中央公园面积为 340hm^2，采用了英国风景园的风格，景色十分优美。而且公园内考虑到成人及儿童的不同兴趣爱好，活动设施完备，并有各种独立的交通路线，有车行道、骑马道、步行道及穿越公园的城市公共交通路线（图 6.1）。100 多年过去了，公园至今依然作为现代公园规划的最杰出作品。

奥姆斯特德有关城市公园的观点主要有以

图 6.1　纽约中央公园
［图片来源：百度图库］

下几点，这些原则以后在美国园林界归纳为"奥姆斯特德原则"。

（1）保护自然风景，并根据需要进行适当的增补和夸张。

（2）除非建筑周围的环境十分有限，否则要力戒一切规则呆板的设计。

（3）开阔的草坪区要设在公园的中央地带。

（4）采用当地的乔灌木来造成特别浓郁的边界栽植。

（5）穿越较大区域的园路及其他道路要设计成曲线形的回游路。

（6）所设计的主要园路要基本上能穿过整个庭院。

他的这些思想在当时的许多城市公园中都得到了充分的体现，并影响了一代又一代的园林设计师。

奥姆斯特德虽然没有留下多少理论著作，但却是第一位有大量园林作品的美国造园家，它吸收英国风景园的精华，创造了符合时代要求的新园林，是城市公园的奠基人。自从纽约中央公园问世以后，美国掀起了一场城市公园建造运动，而奥姆斯特德则成为这一运动的杰出领袖，其作品遍布美国及加拿大，欧洲各国也纷纷仿效。在造园史上，这一时期的美国园林被称为"城市公园时期"，美国在城市公园建设方面成为后起之秀，开始走向世界前列。

2. 国家公园

国家公园是19世纪诞生于美国的又一种新型园林。美国国家公园的出现完全始于偶然，19世纪末，随着工业高速发展，原始森林、地形地貌、自然景观遭到了严重的破坏，这引起了一些自然科学和民众的关注。他们预感到将会出现的可悲后果而大声呼吁，阐述保护自然的重要性。1872年在陆战部的监督下，保存了怀俄明州西北部令人称奇的间歇泉池，由当时的美国总统格兰特签发了建立世界上第一个国家公园——黄石国家公园的决定。

图6.2 美国黄石国家公园
[图片来源：百度图库]

建立国家公园的主要宗旨在于对未遭受人类重大干扰的特殊自然景观、天然动植物群落、有特色的地质地貌加以保护，维持其固有面貌，并在此前提下向游人开放，为人们提供在大自然中休息的环境，同时，也是认识自然、对大自然进行科学研究的场所。

黄石国家公园是美国最大也是最著名的国家公园，占地8983km²，它拥有占全世界半数以上的间歇泉，此外，还有温泉、泥火山、化石林、以色彩艳丽著称的黄石、大峡谷、大湖、数条大河与瀑布、一望无垠的荒原，还是世界上首屈一指的野生动物园，设有专门的大马哈鱼钓鱼场（图6.2）。

6.1.2 工艺美术运动

维多利亚时期，英国的建筑、园林及其他装饰风格追求繁琐而矫饰，以华贵的装饰来炫耀自己的财富。而1851年英国工程师帕克斯顿（Joseph Paxton）在伦敦建造的"水晶宫"（图6.3），对钢和玻璃的运用，是19世纪工业革命后的50年代高技术发展的杰出作品，其中铁架和玻璃形成的广阔透明空间，创造了无与伦比的建筑新形象。以拉斯金和莫里斯为首的一批社会活动家和艺术家对两者的风格都极力地反对，发起了"工艺美术运动"，提倡简单，朴实无华，具有良好功能的设计，在装饰上推崇自然主义和东方艺术，反对设计上哗众取宠、华而不实的维多利亚风格；提倡艺术化手工业产品，反对工业化对传统工艺的威胁，反对机械化生产。这些主张也是工艺美术运动的特征，它们同样反映在园林设计之中。

埃德温·路特恩斯（Edwin Lutyens）提倡从大自然中获取设计源泉，以规则式为结构，以自然植物为内容的风格成为当时园林的设计时尚，并且影响到后来欧洲大陆的花园设计。这一原则直到今天仍有一定影响。1911—1931年在印度新德里设计的莫卧尔花园（Mughal Garden），又称总督花园，也体现了自然式和规则式的结合。如图6.4所示，通过对波斯和印度传统绘画的学习和对当地一些花园的研究，路特恩斯将英国花园的特色和规整的传统莫卧尔花园形式在这个园林中结合在一起。

工艺美术运动虽然在反传统的装饰风格上做出了很大的贡献，提出了许多有价值的现代设计思想，但是其反工业化的主张并未能顺应艺术发展的潮流。随后，在欧洲大陆终于爆发了一个规模更大、影响范围更加广泛的运动——新艺术运动。

图 6.3　伦敦水晶宫
[图片引自：（英）韦斯顿. 材料、形式和建筑.
北京：中国水利水电出版社 . 2005]

图 6.4　印度新德里莫卧儿花园
[图片引自：王向荣，林箐.西方现代景观设计的
理论与实践.北京：中国建筑工业出版社，2002]

6.1.3　新艺术运动

新艺术运动虽然也强调装饰，但并不排斥工业化大生产，它以更积极的态度试图解决工业化进程中的艺术问题。它的起因是反对传统的模式，在设计中强调装饰效果，希望通过装饰来改变由于大工业生产造成的产品粗糙、刻板的面貌。19 世纪末、20 世纪初新艺术运动最早出现于比利时和法国等国家，自然界的贝壳、水漩涡、花草枝叶等给艺术家们带来无限的灵感，他们以富有动感的自然曲线作为建筑、家具和日用品的装饰。后来，新艺术运动又发展出直线几何的风格，以苏格兰格拉斯哥学派、德国的"青年风格派"和奥地利的"维也纳分离派"为代表，探索用简单的几何形式及构成进行设计。新艺术运动本身没有一个统一的风格，在欧洲各国也有不同的表现和称呼，但是这些探索的目的都是希望通过装饰的手段来创造一种新的设计风格，主要表现在追求自然曲线形和追求直线几何形两种形式。

曲线风格的园林最极端的表现在西班牙天才建筑师高迪（Antonio Gaudi）所设计的作品中。高迪在艺术运动中独树一帜，他的作品是一系列复杂的、丰富的文化现象的产物。他设计的巴塞罗那居尔公园（Parque Guell），是一个富有想象力的城市游园（图 6.5）。在公园中，高迪以超凡的想象力，将建筑、雕塑和大自然融为一体。整个设计充满了波动的、有韵律的、动荡不安的线条和色彩、光影、空间的丰富变化。它有蜿蜒曲折的小道，多立克风格的"市场"，还有以碎片马赛克拼砌而成的蛇形座椅闻名的大露台（图 6.6）。蛇形座椅是用彩色碎瓷片和陶片拼成色彩斑斓的马赛克图样，白底蓝色图形与曲折的造型，还拥有极富创意的排水系统。整个公园像一座个性鲜明的雕塑，构成了独具魅力的景观作品。

建筑师奥尔布里希（Joseph Maria Olbrich）作为维也纳分离派创始人以及 20 世纪初艺术界重要的人物之一，1905 年在德国达姆斯塔特举办了一次园艺展，除总体规划外，他还设计了其中约 1.5hm^2 的"色彩园"。花园通过 1.5m 的高差划分为两个部分，下部是花坛园，上部种植花灌木和一些蓝、黄、红

图 6.5 巴塞罗那居尔公园
[图片引自：娄永琪，Pius Leuba，朱小村．环境设计．
北京：高等教育出版社，2008]

图 6.6 巴塞罗那居尔公园蛇形座椅
[图片引自：（英）保罗·库柏．新技术庭院．
贵阳：百通集团、贵州科技出版社，2002]

色的草本花卉的色彩园。1908年，艺术家之村举办了第三次艺术展，奥尔布里希设计建造了新艺术运动中的著名建筑——一个展览馆和一个高50m的婚礼塔（图6.7）。他在景观设计中运用大量基于矩形几何图案的建筑要素，如花架、几级台阶、长凳和黑白相间的棋盘格图案的铺装（图6.8）。植物在规则设计中被组织进去，被修剪成球状或柱状，或按网格种植。

图 6.7 达姆斯塔特婚礼塔及其环境
[图片引自：王向荣，林箐．西方现代景观设计的理论与实践．
北京：中国建筑工业出版社，2002]

图 6.8 黑白相间的棋盘格图案的铺装
[图片引自：王向荣，林箐．西方现代景观设计的理论与实践．
北京：中国建筑工业出版社，2002]

新艺术运动中另一个核心人物穆特修斯（Herman Muthesius）1907年在柏林建造的自用住宅及办公室是他的著名作品，如图6.9所示，住宅和花园通过一个花架和一个景亭联系，花园分为两个部分，有花床。穆特修斯另一个著名作品是柏林的Cramer住宅，花园由椴树林荫道、黄杨花坛、花架及不同标高的平台组成，通过平台、台阶及花架的组织来链接建筑和园林。

新艺术运动虽然反叛了古典主义的传统，但其作品并不是完全的"现代"，它只是为现代主义的产生起到了有益的探索和准备。新艺术运动中园林设计，无论哪种风格都对后来的园林产生了广泛的影响。它所提倡的以自然的曲线和以雅致的直线与几何形状作为主要设计形式，摆脱单纯的装饰性，注重设计的功能性等，都为日后的现代景观奠定了形式的基础。这场世纪之交的艺术运动是一次承上启下的设计运动，它的兴起预示了旧时代的接近结束和一个新的时代——现代主义时代的到来。

图6.9　穆特修斯在柏林建造的自用住宅

［图片引自：王向荣，林箐. 西方现代景观设计的理论与实践. 北京：中国建筑工业出版社，2002］

6.1.4　现代主义园林

现代主义园林的产生与发展是与现代艺术、现代建筑运动先驱的发展紧密联系的。

从19世纪下半叶开始，以绘画为主导的艺术领域发生了前所未有的变化。从19世纪60年代至80年代率先起来反对学院派艺术的以莫奈为代表的印象派艺术，其后是以塞尚、高更和梵高为代表的后印象派，画家们极力创新、探索新路、艺术界流派纷繁。马蒂斯开创的野兽派是现代艺术的开端，它追求更加主观和强烈的艺术表现，对西方现代艺术的发展产生了重要的影响。1907年，毕加索和布拉克为领导的立体派绘画，立体派的形式在现代建筑运动、现代园林设计运动中产生反应，还影响了装饰设计。最后在1910年前后被艺术家们所展现的抽象艺术，其中风格派的蒙德里安的绘画对后来的园林设计有深远的影响。现代艺术的这些倾向为20世纪现代主义园林的产生和发展有着深远的影响。

现代主义建筑是现代主义思想和20世纪现代主义运动的一个重要组成部分，同时也是现代主义设计的开端。特别是德国、法国、荷兰3国的建筑师呈现出空前活跃的状况，他们进行了多方位的探索，产生了不同的设计流派，涌现出一批重要的设计师。如德国建筑师门德尔松、荷兰风格派、建筑师包豪斯、勒·柯布西耶、"有机建筑"设计师赖特、纽特拉和荷兰建筑师阿尔托，他们在设计领域里建筑总是充当"急先锋"的角色，对于接受现代主义这一新思潮，建筑设计师们也是远远先于园林。现代主义建筑大师的思想和作品为现代主义园林设计师们提供了理论基础和形式法则。现代主义建筑所倡导的注重功能、空间以及形式上的简洁等原则都为现代主义园林的产生和发展起到了积极的参照作用。

19世纪末20世纪初，园林在现代艺术、现代建筑发展的影响下，在艺术运动思潮的推动下，开始逐步从传统园林向现代园林方向过渡。许多优秀的园林设计师都积极的对现代园林进行了一系列的探索和研究。

1. 巴黎"国际现代工艺美术展"

1925年巴黎举办了"国际现代工艺美术展"，设计师古埃瑞克安（Gabriel Guevrekian）在巴黎展览会上设计的"光与水的庭园"，设计完全打破了传统庭园的建筑特征和经典庭园的传统构图方法。该庭院是以三角形基地进行构图和组合的，三角的主题在平面、立面和透视中都得到了充分的体现，草地、水池、花带以及玻璃围栏均按三角形划分为更小的形状（图6.10）。庭院中最富特色的还是位于水池中央的一个多面体玻璃球，如图6.11所示，玻璃球不断吸收和反射各个角度的光线，随着时间的变化而不停地旋转。用新的材料和技术表达出设计师的奇思妙想。运用了钢、混凝土、玻璃等材料和对先进光电技术的应用。此次展览会对园林设计领域思想的转变和事业的发展起到了重要的推动作用。随后，法国园林成为了"现代园林"的代名词。

图 6.10 光与水庭院平面图
［图片引自：（英）保罗·库柏．新技术庭院．
贵阳：百通集团、贵州科技出版社，2002］

图 6.11 光与水庭院景观
［图片引自：（英）保罗·库柏．新技术庭院．
贵阳：百通集团、贵州科技出版社，2002］

2. 英国现代主义园林设计

唐纳德（Christopher Tunnard）是最早提出在现代环境下设计园林的方法的设计师之一。1938 年他完成了《现代景观中的园林》一书，书中提出了现代景观设计的 3 个方面，即功能的、移情的和艺术的。唐纳德认为功能，如休息和消遣，是现代主义景观最基本的考虑，是 3 个方面中最首要的。移情的方面，来源于唐纳德对日本园林的理解。在 19 世纪末至 20 世纪初欧洲艺术的转变中，日本文化产生了很大影响。日本园林，尤其是枯山水园林引起了欧洲景观设计师们极大的兴趣。他提出要从对称的形式束缚中解脱出来，提倡尝试日本园林中组石布置的均衡构图的手段，以及从没有情感的事物中感受园林的精神实在的设计手法。艺术的方面，是在景观设计中运用现代艺术的手段。现代艺术家们不仅在处理形态、平面和色彩方面令景观设计师们大开眼界，雕塑家也可以向景观设计师们传授对于材料、质感和体积的理解。

唐纳德不仅在理论上对现代园林有着深入的研究，而且他的作品也充分体现了他关于现代园林功能的、移情的和艺术的理念。1935 年，唐纳德为建筑师谢梅耶夫设计的"本特利树林"住宅花园则是体现其精神的经典之作（图 6.12）。住宅周围是茂密的树林和优美的自然原野，花园最富特色的要数住宅外的露台设计，露台的一侧用砖墙围住，向外的一侧则由矩形的木网格构架限定，既起到了围合空间的作用又对远处的风景形成了框景。在木构架一侧的基座上侧卧着亨利·摩尔的抽象人体雕塑，雕塑面向无边的原野，给花园增添了现代艺术的氛围。在这个设计中，花园、住宅以及周围的自然环境都融合成了一个整体，充分体现了功能、移情和艺术的完美结合。

图 6.12 "本特利树林"住宅花园
［图片引自：王向荣，林箐．西方现代景观设计的理
论与实践．北京：中国建筑工业出版社，2002］

3. 美国现代主义园林

（1）美国现代主义的引路人——弗莱彻·斯蒂里。

19 世纪 20 年代，弗莱彻·斯蒂里（Fletcher Steele）受到法国装饰庭院的影响，把欧洲现代园林设计的理论介绍到美国，对美国园林领域的现代主义进程起到了极大的推动作用。特别是 1925 年斯蒂里参观了巴黎"国际现代工艺美术展"后，他对法国新型庭院的介绍以及评论给当时的美国园林设计领域带来了崭新的理念和思想。斯蒂尔设计了大量的庭院作品，他设计的庭院不仅在色彩、形式、材料和空间等方面进行了大胆的创新，而且还非常注重庭院的人性化设计，充分考虑雇主的要求，使之更加舒适宜人。

斯蒂里与设计师乔埃特合作完成的乔埃特的庄园瑙姆科吉中的一系列小花园的设计，是20世纪早期的一个经典作品。瑙姆科吉庄园位于山坡中部，地形复杂，自然环境优美，花园和周围的山体赋予了斯蒂里创作的灵感，激发了他对程式化的传统花园进行新的改造。在庄园设计师伯瑞特原有设计框架的基础上，斯蒂里建立了一系列的小花园，如"午后花园""南部草地"以及"蓝色阶梯"等（图6.13和图6.14）。这些小花园都采用了优美的曲线，"午后花园"的空间借鉴了加州传统花园的形式，在园中可以看到远山的景色。"南部草地"则采用了现代雕塑的抽象形式，在草地上斜向布置弯曲的砾石带和中间的月季花坛，这是在统一的设计中把背景地貌形式融于前景的第一次尝试。图6.14的"蓝色阶梯"是瑙姆科吉庄园建造的代表作品，建于美丽的白桦林中间，坚固的石砌台阶与纤细弯曲的白色扶手栏杆形成强烈的对比，具有强烈的透视美感和雕塑感，形成有趣的视觉效果。"蓝色阶梯"清晰地展示了他运用透视法和对地段富有想象力的处理。

图6.13 瑙姆科吉庄园中的"午后花园"
［图片引自：王向荣，林箐. 西方现代景观设计的理论与实践. 北京：中国建筑工业出版社，2002］

图6.14 瑙姆科吉庄园中的"蓝色阶梯"
［图片引自：（英）安德鲁·威尔逊. 现代最具影响力的园林设计师. 昆明：云南科技出版社，2005］

斯蒂里的设计风格是介于传统和现代之间的，他的作品不是确定的现代主义语言，有的作品还具有"新艺术运动"的特征。但他的主要贡献是传递了欧洲现代主义园林的信息，是后面美国现代主义园林运动爆发的导火索。

（2）"加州花园"的开创人——托马斯·丘奇。

20世纪40年代，在美国西海岸，一种不同以往的私人花园风格逐渐兴起，不仅受到渴望拥有自己的花园的中产阶层的喜爱，也在美国景观规划设计行业中引起强烈的反响，成为当时现代园林的代表。这种带有露天木制平台、游泳池、不规则种植区域和动态平面的小花园为人们创造了户外生活的新方式，被称为"加州花园"。这一风格的开创者就是20世纪美国现代园林设计的奠基人之一——托马斯·丘奇（Thomas Church）。

1937年后，在研究了柯布西埃、阿尔托和一些现代画家、雕塑家的作品之后，他开始了一个试验新形式的时期，他的作品开始展现一种新的动态均衡的形式：中轴被抛弃，流线、多视点和简洁平面得到应用，质感、色彩呈现出丰富变化。他将"立体主义""超现实主义"的形式语言，如锯齿线、钢琴线、肾形、阿米巴曲线结合形成简洁流动的平面，通过花园中质感的对比，运用木板铺装的平台和新物

图 6.15　唐纳花园的肾形泳池
［图片引自：（英）安德鲁·威尔逊．现代最具影响力
的园林设计师．昆明：云南科技出版社，2005］

质，创造了一种新的风格。丘奇最著名的作品是 1948 年的唐纳花园。庭院由入口院子、游泳池、餐饮处和大面积的平台所组成。平台的一部分是美国杉木铺装地面，另一部分是混凝土地面。庭院轮廓以锯齿线和曲线相连，肾形泳池流畅的线条以及池中雕塑的曲线，与远处海湾"S"形的线条相呼应（图 6.15）。树冠的框景将原野、海湾和旧金山的天际线带入庭院中。在大多数庭院中，泳池既不与邻近的住宅相通，也不与地形相近，丘奇在这里利用了从蜿蜒曲折的小溪及盐碱沼泽得来的灵感，设计了流体形泳池。

丘奇在现代园林设计发展中的影响是极为巨大而广泛的。从 20 世纪 30 年代晚期开始，他的风格在很长时间内对美国和世界的年轻设计师们起着引导的作用，他的事务所培养了一系列年轻的园林设计师，他们反过来又对促进"加利福尼亚学派"的发展做出了贡献。

（3）"哈佛革命"的发起人之———丹·克雷。

1937 年，当时哈佛设计研究生院的学生罗斯、克雷、埃克博在《铅笔点》发表一系列文章批判学院派的园林设计体系，宣扬现代园林设计思想。爆发了以他们三人为首的"哈佛革命"，才彻底地摆脱了古典主义的教条，标志着现代主义园林的真正诞生。所谓的"哈佛革命"就是指罗斯、克雷、埃克博 3 人在哈佛受到现代建筑和现代艺术的影响，不满足于学院派的传统教学，而是从建筑、艺术以及同时代优秀的设计作品中吸取养分，提出了现代园林设计的新思想，掀起了现代主义的潮流。他们动摇并最终导致了哈佛景观规划设计系的"巴黎美术学院派"教条的解体和现代设计思想的建立，并推动美国园林设计行业朝向适合时代精神的方向发展。

"哈佛革命"的发起人中的丹·克雷（Dan Kiley）是美国现代园林设计的奠基人之一，他的设计语言可以归结为古典的，但他的风格可视为现代主义的。1955 年印第安纳州哥伦布市的"米勒花园"被认为是克雷的第一个真正现代主义的设计（图 6.16）。克雷将基地分为 3 个部分：庭院、草地和树林，采用古典传统的结构。他将建筑空间扩展至周边的庭院空间中去，通过内部结构与围合框架的对比，延伸了密斯·凡·德·罗建筑的自由平面理念。克雷在米勒花园设计中，通过结构（树干）和围合（绿篱）的对比，接近了建筑的自由平面思想，塑造了一系列室外的功能空间：成人花园、秘园、餐台、游戏草地、游泳池、晒衣场等（图 6.17）。

图 6.16　米勒花园
［图片引自：王向荣，林箐．西方现代景观设计的
理论与实践．北京：中国建筑工业出版社，2002］

图 6.17　米勒花园树林
［图片引自：（英）安德鲁·威尔逊．现代最具影响力的园林
设计师．昆明：云南科技出版社，2005］

1955 年的米勒花园标志着克雷独特风格的初步形成，是他设计生涯的一个转折点。克雷的设计至 20 世纪 80 年代之后，抛弃了理性与功能性，转向偶然性与主观性的成分，对时间和空间不同层次叠加尤为强调，设计出更为复杂与丰富的空间效果，也体现出某些现代艺术，尤其是极简主义的一些影响。达拉斯联合银行大厦的喷泉广场设计就是这个时期的代表作品。克雷在基地上建起了两个重叠的 5m×5m 的网格，网格的交叉点分别设置了圆形的落羽杉树池与加气喷泉（图 6.18 和图 6.19）。除了特定区域，如通行道路和中心广场，整个基地 70% 全为水池区域，在有高差的地方，形成一系列跌落的水池，如图 6.20 所示。在广场中行走，如同穿行于森林沼泽地。特别是在夜晚，当地下的灯光映照出加气喷泉与跌水形态时，犹如梦幻般的奇境。在极端商业化的市中心，这是一个令人意想不到的地方，可以躲避交通的嘈杂和夏季的炎热。

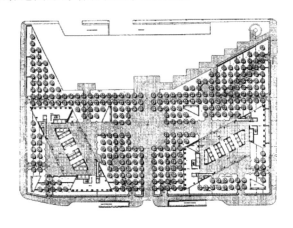

图 6.18　达拉斯联合银行大厦喷泉广场平面图
［图片引自：王向荣，林箐．西方现代景观设计的
理论与实践．北京：中国建筑工业出版社，2002］

图 6.19　达拉斯联合银行大厦喷泉广场
［图片引自：王向荣，林箐．西方现代景观设计的
理论与实践．北京：中国建筑工业出版社，2002］

在 21 世纪的今天，克雷的设计依然显得那么清新和让人振奋，就如同当年他开始职业生涯时的设计那样。他认为一个设计如同一个观念一样，是从关于自然的各种主题中提炼的，然后才是功能的分析与综合，这是纯粹的现代主义，是区分装饰化、风格化与真正的设计的一个根本标准。

（4）第二代现代园林设计师——劳伦斯·哈普林。

作为第二次世界大战后的园林设计师，哈普林 (Lawrence Halprin) 是与美国现代园林一起成长的。早期哈普林设计了一些典型的"加州花园"，采用了超现实主义、立体主义和结构主义的形式手段，大面积的铺装，明确的功能分区，简单而精心的栽植等。他在设计中进行了色彩和植物运用方面的尝试，细部更为精美，为"加利福尼亚学派"的发展做出了贡献。1950 年代起，由于城市更新、州际高速公路和市郊居住区的建设，美国的园林设计行业发生了许多变化。在此期间哈普林设计了一系列公共喷泉广场，如波特兰系列、西雅图高速公路公园、曼哈顿广场公园等，体现了使用和参与的思想，而不是仅仅作为观赏。

1997 年，在美国首都华盛顿，哈普林设计的罗斯福总统纪念园，一座酝酿了半个多世纪的纪念碑终于建成开放

图 6.20　达拉斯联合银行大厦喷泉广场跌落的水池
［图片引自：王向荣，林箐．西方现代景观设计的
理论与实践．北京：中国建筑工业出版社，2002］

图 6.21　罗斯福总统纪念园
［图片引自：王晓俊. 西方现代园林设计.
南京：东南大学出版社，2000］

了，这是华盛顿第一座由园林设计师设计的重要纪念碑（图 6.21）。这个设计以一系列花岗岩墙体、喷泉跌水和植物创造出四个室外空间，代表了罗斯福总统的四个时期和他宣扬的四种自由。以雕塑表现每个时期的重要事件，用岩石与水的变化来烘托各个时期的社会气氛。哈普林的设计与周围环境融为一体，在表达纪念性的同时，为参观者提供了一个亲切而轻松的游赏和休息环境，体现了一种民主的思想，也与罗斯福总统平易近人的为人相吻合。哈普林的思想在当时确实是开创性的，提出了纪念碑设计的一种新思路。从设计时间上看，哈普林的罗斯福总统纪念园比起 20 世纪 70 年代以后美国许多摆脱了传统模式的纪念碑（如越战纪念碑）要早得多。

哈普林是一个有思想的设计师，他是第二次世界大战后美国园林设计界最重要的理论家之一。哈普林继承了格罗皮乌斯的将所有艺术视为一个大的整体的思想，他从广阔的学科中汲取营养，音乐、舞蹈、建筑学以及心理学、人类学等其他学科的研究成果都是他感兴趣的，因而他视野广阔、视角独特、感觉敏锐、思想卓尔不群，这也是他具有创造性、前瞻性和与众不同的理论系统的原因。无论从实践还是理论上来说，劳伦斯·哈普林在 20 世纪美国的园林设计行业中，都占有重要的地位。

4. 拉丁美洲现代主义园林

现代景观产生于欧洲大陆，伴随着现代建筑的传播，冲击到了北美，也传播到了拉丁美洲，在当地天才的艺术家和设计师的再创造下，一些新的风格出现了，其中最重要的国家是巴西和墨西哥。

布雷·马克思（Robert Burle Marx）是本世纪最有天赋的园林师之一。他 18 岁去德国学习艺术。在那里他见到了引种在植物园的美丽的巴西植物，被深深触动了。当时，巴西人对本国热带植物根本不屑一顾，而热衷于在庭院中种植从欧洲引入的植物。这使他意识到，巴西的乡土植物在庭院中是大有可为的。

1938 年，马克思为柯布西耶设计的教育部大楼设计了屋顶花园。这以后，他设计了大量的私人花园以及许多政府办公楼的庭院，如柯帕卡帕那海滨大道、外交部、法院及国防部的庭院等（图 6.22）。1948 年设计的奥德特·芒太罗花园是他最重要的私人花园作品之一（图 6.23）。花园坐落在一个宽阔的

图 6.22　柯帕卡帕那海滨大道
［图片引自：（英）安德鲁·威尔逊. 现代最具影响力
的园林设计师. 昆明：云南科技出版社，2005］

图 6.23　奥德特·芒太罗花园
［图片引自：王向荣，林箐. 西方现代景观设计的
理论与实践. 北京：中国建筑工业出版社，2002］

山谷中，自然景观构成了园林的一部分。弯曲的道路将人的视线引向远方壮丽的山景，大片的各色植物簇拥在道路的两旁，不同植物拼成了流动图案的花床。院内小湖边栽着水生植物，艺术的植物栽植形式同自然很好地融合在一起。芒太罗花园可以说是马克思设计的最充满活力的私家园林之一。

布雷·马克思是位优秀的抽象画家，他用流动的、有机的、自由的形式设计园林，一如他的绘画风格。布雷·马克思的作品开发了热带植物的园林价值，使那些被当地人看做是杂草的乡土植物在花园中大放异彩，创造了具有地方特色的植物景观。他用花床限制了大片植物的生长范围，用植物叶子的色彩和质地的对比创造美丽的图案，他还将这种对比扩展到其他材料，如砂砾、卵石、水、铺装等。布雷·马克思将园林视为艺术，他的设计手法在中小尺度园林上显得极有魅力，他的设计语言如曲线花床、马赛克地面被广为传播，在全世界都有重要的影响。

曾于1980年获得普林茨克建筑奖的墨西哥建筑师路易斯·巴拉甘（Luis Barragan）在拉丁美洲现代园林的发展中占有重要的地位。巴拉甘的作品将现代主义与墨西哥传统相结合，开拓了现代主义的新途径。巴拉甘的作品规模都不大，以住宅为多，他常常是建筑、园林连同家具一起设计，形成具有鲜明个人风格的统一和谐的整体。

位于恰帕拉的马戈住宅花园在巴拉甘的作品中具有重要意义，是他一个时期以来一些观念的总结。如图6.24所示，这是一所位于陡峭山脚的乡村住宅，通过对住宅的改建和花园的建设，巴拉甘创造了几个不同标高的平台，精心安排台阶和坡道的位置，强调材料的对比，每个空间各有特点，步移景异。另一个代表性作品是在1968年，他在自己设计的圣·克里斯多巴尔住宅的庭院中，使用了玫瑰红和土红的墙体以及一个方形大水池，从墙上有一个水口向下喷落瀑布，水声打破了由简单几何体组成的庭院的宁静，在炎热的阳光下给人带来一些清凉（图6.25）。

图6.24 马戈住宅花园
［图片引自：王向荣，林箐. 西方现代景观设计的
理论与实践. 北京：中国建筑工业出版社，2002］

图6.25 圣·克里斯多巴尔住宅
［图片引自：王向荣，林箐. 西方现代景观设计的
理论与实践. 北京：中国建筑工业出版社，2002］

巴拉甘简练而富有诗意的设计语言，在各国的园林师中独树一帜。巴拉甘作品的简洁与神秘感确实与极简主义有异曲同工之处，但他的作品的亲和力和对人性的关怀却是极简主义中不多见的。巴拉甘是独特的，但他并不游离于世界艺术潮流之外，他了解并掌握现代建筑的本质，更重要的是，他还发现了传统建筑中的永恒价值，并把两者完美地结合起来。如今，巴拉甘作品中的一些要素，如彩色的墙、高架的水槽和落水口的瀑布等已成为墨西哥地域风格的标志，常常被其他设计师所借鉴。

6.1.5 后现代主义

英国建筑理论家查尔斯·詹克斯于 1977 年出版的《后现代主义的语言》一书中总结的后现代主义建筑六种类型或特征：历史主义、直接的复古主义、新地方风格、因地制宜、建筑与城市背景相和谐、隐喻和玄学以及后现代空间。整个 20 世纪 70 年代，后现代主义在建筑界占据了最显要的位置，一批贴着后现代主义标签的建筑设计、室内设计和园林设计作品相继出现。相比于轰轰烈烈的后现代主义建筑运动，后现代主义的园林设计却始终进行的比较温和，但仍有很多前卫的园林建筑师在这股新思潮的鼓舞下，在园林设计领域积极进行后现代主义的探索。但这些后现代主义建筑特征与后现代主义景观的特征并不是完全吻合的，后现代主义园林的主要特征主要表现在以下几点。

1. 后现代隐喻主义

美国建筑师罗伯特·文丘里（Robert Venturi）被认为是后现代建筑理论的奠基人，1966 年他发表了《建筑的复杂性与矛盾性》，成为后现代主义的宣言。文丘里认为，建筑设计要综合解决功能、技术、艺术、环境以及社会问题等，因而建筑艺术必然是充满矛盾的和复杂的。他有比较完整的设计理论，但是他的作品并没有拘泥于某种固定的风格，也从未承认自己的作品是后现代建筑。在建筑设计的同时，他也涉及园林的区域。

1972 年文丘里设计的位于费城附近的富兰克林纪念馆，作品不是在遗址上对原有建筑物的重建，而是以其"幽灵式"的想象，纪念馆主体建筑置于地下。地面上用白色大理石在红砖铺砌的地面上标志出旧有故居建筑的平面，采用一个模拟原有建筑的不锈钢骨架勾画出故居的建筑轮廓，如图 6.26 所示，几个雕塑般的展示窗保护并展示着故居的基础。该设计带有符号式的隐喻，显示出旧建筑的灵魂，而且不使环境感到拥挤，创造出一种特殊的历史效果。在这里文丘里造出的不是一座房子，而是用不锈钢架、展示窗、铺装、绿地、树池共同组成的一个纪念性花园，唤起参观者的崇敬、仰慕和纪念之情。另一个重要的作品是 1977 年文丘里在华盛顿宾夕法尼亚大街设计的自由广场（图 6.27），在这里，文丘里则以一种平面的设计语汇结合历史片断，用铺装的图案来隐喻城市的历史格局，形象而简约地展示出场所所包含的历史信息和情感，从而消解了传统纪念性广场的中心式构图。

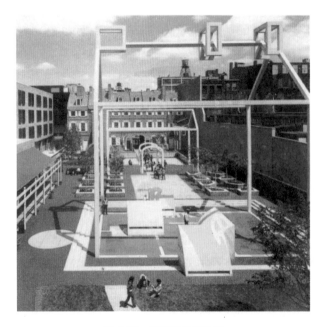

图 6.26 富兰克林纪念馆
[图片引自：王向荣，林箐. 西方现代景观设计的理论与实践.
北京：中国建筑工业出版社，2002]

图 6.27 华盛顿宾夕法尼亚大街的自由广场
[图片引自：王向荣，林箐. 西方现代景观设计的
理论与实践. 北京：中国建筑工业出版社，2002]

设计师野口勇（Isamu Noguchi）设计的加州情景雕塑园位于洛杉矶近郊卡斯塔美沙镇的一个商业中心中部。雕塑园平面基本上为方形，占地约 1.44hm²，空间较为封闭，两面为玻璃幕墙的办公楼，另两边是 12m 高的白墙（图 6.28）。在这样一个视线封闭、单调的空间中，设计师野口勇布置了一系列的石景和元素，象征加州南部海岸城镇卡斯塔美沙镇的气候与地形，充分反映了加州干燥、空阔、干旱、阳光。设计师在整个庭院中安排了众多主题来体现隐喻（图 6.29）。如象征对加州富饶起源思索的"利马豆的精神"石组，沙漠地主题隐喻加州沙漠风光的景象，"森林步道"以示加州海岸风光，象征加州经济繁荣昌盛的"能量喷泉""对开发的纪念"，设计师对加州城市快速发展吞噬了大片肥沃农田的讽喻与批评，园中还有"土地利用"主题和象征加州主要河流的溪流。雕塑园的设计使用了最常见的材料与最基本的形体，以一种舞台布景般的空间，通过各种主题的叙述，隐喻了作品所在地区的自然文化景观，形成了自然与文化之间的对话。

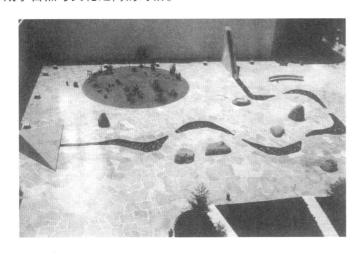

图 6.28　加州情景雕塑园
［图片引自：王晓俊. 西方现代园林设计.
南京：东南大学出版社，2000］

图 6.29　加州情景雕塑园沙漠地主题
［图片引自：王晓俊. 西方现代园林设计.
南京：东南大学出版社，2000］

2. 后现代地方主义与历史主义

随着时代的前进，科学技术的进步和文化交流的频繁，园林设计的"词汇"和"语法"在发展中趋于统一的态势，但是环境中总会有一些特有的符号和排列方式，就如同口语中的方言一样，设计者如果能巧妙地注入这种"乡音"，便可以加强环境的历史连续感和乡土气息，增强环境语言的感染力。后现代主义在这方面给我们提供了新的思路，它运用隐喻与象征的设计手法，充分表达设计师对地域环境的理解，对历史文脉的把握。

1974 年建筑师查尔斯·摩尔（Charles Moore）为新奥尔良的一个商业和工业综合区设计的意大利广场，是一个典型的后现代主义作品（图 6.30）。广场地面吸收了附近一幢大楼的黑白线条，处理成同心圆图案，中心水池将意大利地图搬了进来。广场周围建了一组无任何功能、漆着耀眼的黄、橙颜色的弧形墙面。这是一个典型的后现代主义符号拼贴的大杂烩。

1992 年建成的巴黎雪铁龙公园带有明显的后现代主义特征，整个公园的设计体现了严谨与变化、几何与自然的结合（图 6.31）。1985 年巴黎市政府举行了公园设计国际竞赛，决定在市郊原雪铁龙工厂的基础上建设公园。最后从 63 个入围的方案中选择了维加小组（Viguier/Jodry/Provost）和伯奇小组（Berger/Clement）两个方案为公园获奖设计。公园占地面积 14hm²，公园的主要游览路线是对角线方向的轴线，它把园子分为两个部分，又把园子中各个主要景点联系起来（图 6.32）。维加小组负责公园南部的设计，包括黑色园、中心草坪、大水渠和水渠边 7 个小建筑；伯奇小组负责公园的北部设计，它包括白色园、作为公园主体建筑 2 个大温室、7 个小温室、运动园和 6 个系列花园。

图 6.30　新奥尔良市意大利广场
[图片引自：王向荣，林箐. 西方现代景观设计的
理论与实践. 北京：中国建筑工业出版社，2002]

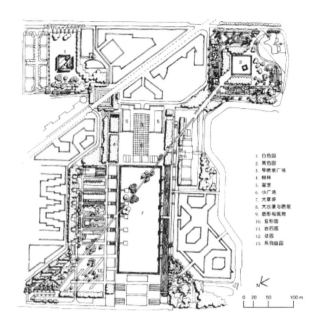

图 6.31　巴黎雪铁龙公园平面图
[图片引自：王晓俊. 西方现代园林设计.
南京：东南大学出版社，2000]

公园南部的黑色园明显受到了日本园林的影响，温室前下倾的大草坪又似巴洛克园林中宫殿前大草坪的简化，如图 6.33 所示，林荫路与大水渠更是直接引用了巴洛克园林造园要素，大水渠边上的 7 个小建筑是文艺复兴和巴洛克园林中岩洞的抽象。公园北部的 6 个小园每个都通过一定的设计手法和植物材料的选择来体现一种金属和它的象征性的对应物：一颗行星、一星期中的某一天、一种色彩、一种特定的水的状态和一种感觉器官，两个大温室如同高高在上的法国巴洛克园林中的宫殿，统治着整个花园，运动园林则体现了英国自然风景园的精神。

图 6.32　巴黎雪铁龙公园对角线方向的轴线
[图片引自：王向荣，林箐. 西方现代景观设计的
理论与实践. 北京：中国建筑工业出版社，2002]

图 6.33　巴黎雪铁龙公园大温室前的草地
[图片引自：王向荣，林箐. 西方现代景观设计的
理论与实践. 北京：中国建筑工业出版社，2002]

雪铁龙公园没有保留历史上原有汽车厂的任何痕迹，但另一方面，雪铁龙公园却是一个不同园林文化传统的组合体，它把传统园林中的一些要素用现代的设计手法重新组合展现，体现了典型的后现代主义设计思想。

地方主义与历史主义是后现代设计的一个典型的特征。这是后现代主义反对现代主义、国际风格的最有力的表现形式。后现代主义对现代主义全然摒弃的古典主义表现出异常关注，但不搞纯粹的复古主义，而是将各种历史文化背景、地域文化下的素材和设计中的一些手法和细节，作为一种设计的词汇，采用折中主义的处理手法，开创了历史与地方主义的新发展阶段，后现代主义的历史与地方主义风格体现了对于传统和现代的极大的包容性。

3. 后现代叙事主义

1970 年理查德·哈格（Richard Haag）设计的美国华盛顿西雅图市的煤气厂公园，采用了与原先政府设想完全不同的处理方法，因地制宜，保留了部分陈旧的工厂设备。哈格认为对待早期工业，不一定非要将其完全从新兴的城市景观中抹去；相反，可以结合现状，充分尊重基地原有的特性，为城市保留一些历史。公园位于西雅图市联合湖北岸，突入水中的岬地上。公园占地 8hm²。基地原为荒废的煤气厂，地面大面积受到污染，而且煤气厂杂乱无章的各种设备，从城市很多地段以及交通流量很大的湖岸边都可以看到，有碍观瞻。公园建设初期主要是铲除严重污染的表土和去除严重损坏的管道和制气设备。其次在东北部新建了一组谷仓式建筑来存放机器，在其东面坡下为面向湖面的野营区。公园西部有个 15m 高的山丘，丘顶为一个大日晷，是园中最受欢迎的地方，游人可在此登高远眺城市景色，也是城市中市民放风筝的理想地。煤气厂公园最重要的景观是一组裂化塔，深色的塔身锈迹斑斑，表明工厂的历史，旁边一组涂了明亮的红色、橘黄、蓝、紫色的压缩塔和蒸汽机组，可供游人攀爬与玩耍（图 6.34 和图 6.35）。

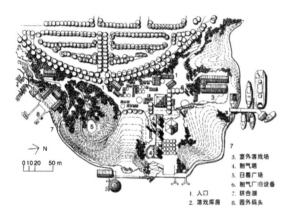

图 6.34　西雅图煤气厂公园平面图
［图片引自：王晓俊. 西方现代园林设计.
南京：东南大学出版社，2000］

图 6.35　西雅图煤气厂公园大片被改良的土壤
［图片引自：王晓俊. 西方现代园林设计.
南京：东南大学出版社，2000］

哈格的煤气厂公园设计没有遵循传统公园的风格与形式，充分发掘和保存了基地特色，以少胜多，巧妙地简化了设计，节省了费用。这一设计思路对后来的各种类型旧工厂改造成公园或公共游憩设施的设计产生了很大的影响。

1989 年彼得·拉兹（Peter Latz）所设计的德国杜伊斯堡北部风景园无论从规划形态上与审美观念上看，都是一个颇有思想的方案。杜伊斯堡北部风景园原是 1985 年关闭 A.G. 泰森旧钢铁厂，面对占地 200hm² 这样一个巨大的钢铁厂的现状，如何改造与利用成为了一个棘手的问题，拉兹在设计中着重遵循和利用了生态原则。也是出于对原有工业遗址的尊重，设计保留和利用了工厂大量的设备和材料。旧铁轨路基被保留作为一种大地艺术品，钢铁厂的炼钢炉等一些构筑物也被保留下来，并且能够保证攀登或登越的安全大型的混凝土构筑物作为攀援场供游客及登山俱乐部会员攀爬，如图 6.36 所示。公园还通过不同的色彩增加识别性，设计师还将工厂上的一些材料重新利用起来作为建筑材料或植物生长的介质（图 6.37）。在铸铁车间发现的大块铁砖用来铺设金属广场地面，一些砖块被碾碎用于混制红色水泥砂浆。另外，在原先焦煤及矿砂库上建立的示范花园就采用了焦煤、矿渣及矿物作为栽培基质。设计中还考虑到污染河水的处理，水中的垃圾杂物等采用了原铁渣厂的一个风力装置来处理，经过去除杂物的物理处理后，水又经过驳岸覆有植被的浅水池、池底驳岸铺有鹅卵石与砂石的深水池，最后汇入从园中穿过的老爱斯切河。

图 6.36　德国杜伊斯堡北部风景园用作
攀登和远眺的旧设备
[图片引自：王晓俊．西方现代园林设计．
南京：东南大学出版社，2000]

图 6.37　德国杜伊斯堡北部风景园用废弃的
铸铁作为植物基质
[图片引自：王晓俊．西方现代园林设计．
南京：东南大学出版社，2000]

4. 后现代大众主义

在后现代时期，讽刺、隐喻、诙谐、折中主义、历史主义，非联系有序系统层都是允许的。但是，很难把某一个园林设计师列入后现代之列，即使一些设计师的某些作品有明显的后现代特征，其作品也不一定表现出单一的风格，比如下面要谈到的美国园林设计师施瓦兹。作为园林设计师以艺术家双重身份的玛莎·施瓦兹（Martha Schwartz），她的作品魅力在于设计的多元性，深深受到极简主义和大地艺术的影响。她认为，园林设计是与其他视觉艺术相当的艺术形式，也是一种表达当代文化并用现代材料制造的文化产品。历史上的造园材料，如石、植物、水体被她以塑料、玻璃、陶土罐、五彩的碎石、瓦片，人工草坪等人们熟悉的日常用品所代替。

如 1980 年，玛莎·施瓦兹在《景观建筑》杂志第一期上发表的"面包圈花园"设计作品（图 6.38），面包圈花园是个小尺度的宅前庭院，用地范围 6.7m×6.7m，面朝北方。如图 6.39 所示，花园空间被高度约为 15cm 的绿篱分割成意大利式的同心矩形构图，两个矩形之间铺着宽度为 90cm 的紫色沙砾，上面排列着 96 个不受气候影响的面包圈。小的矩形内以 5 行×6 列的行列式种植 30 株月季。场地中还保留了象征历史意义的两棵紫杉、一棵日本枫树、铁栏杆和石头边界。在设计中，施瓦兹想创

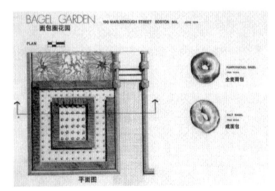

图 6.38　面包圈花园
[图片引自：Martha Schwartz. The Vanguard Landscapes and
Gardens of Martha Schwardz.
Thames & Hudson, 2004]

图 6.39　面包圈花园平面图及详细设计
[图片引自：Martha Schwartz. The Vanguard Landscapes
and Gardens of Martha Schwardz.
Thames & Hudson, 2004]

造的是一种"既幽默又有艺术严肃性的"场所感。这个设计的最大特点就是把象征傲慢高贵的几何形式和象征家庭式温馨和民主的面包圈并置在一个空间里所产生的矛盾；以及黄色的面包圈和紫色的沙砾所产生的强烈视觉对比。这个迷你型的庭院以具有历史风格的花篱、紫色的沙砾以及隐喻地区象兵营式排列的邻里文脉的面包圈，构成了后现代主义思想缩影。

1991 年建成的位于加州克莫斯的城堡（图 6.40），在中心广场上用 250 株海枣种植在由草地、灰色和橙色的混凝土砖铺装的矩形网格地坪上，形成壮观的林荫道。每一株海枣都被套在预制的白色混凝土的轮胎状树池中，重复出现的树池既可以作为休息的座椅，同时又使人追忆地区的历史。

图 6.40　加州克莫斯的城堡中的海枣
［图片引自：Martha Schwartz. The Vanguard
Landscapes and Gardens of Martha
Schwardz. Thames & Hudson，2004］

施瓦兹的设计常常是各种艺术思想的混合体，每一个作品都有着强劲的视觉冲击力，令人难忘。她的作品和她对园林的理解及表现手法都给人以启迪。施瓦兹认为，并非所有的艺术作品和园林设计都必须成为永恒的杰作，重要的是通过质疑和挑战已建立的观点和立场。

6.1.6　解构主义

解构主义是从结构主义演化而来，因此，它的形式实质是对结构主义的破坏和分解。从哲学分析，解构主义哲学是批判哲学，它从批判对象的理论中抽出典型进行解剖、批判和分析，通过自己的意识而建立对于事物真理的认知。其代表人物是哲学家巴尔特(R·Barthes)和德里达（J·Derrida），解构主义正是他们在批判结构主义的基础上发展的。真正的解构建筑尝试则是解构主义理论出现 20 年后的 80 年代的事情。1988 年 3 月在伦敦泰特美术馆举办了为期一天的解构主义学术讨论会。同年 6 月在纽约现代艺术馆举办的解构建筑 7 人展，随后，解构主义代表人物屈米（Bernard Tschumi）、丹尼尔·勃斯金德(Daniel Libeskind) 的一批解构建筑名作相继问世。

解构主义大胆向古典主义、现代主义和后现代主义提出质疑，认为应当将一切既定的规律加以颠倒，如反对建筑中的统一与和谐，反对形式、功能、结构、经济彼此之间的有机联系。提倡分解、片断、不完整、无中心、持续的变化……解构主义的裂解、悬浮、消失、分裂、拆散、移位、斜轴、拼接等手法，也确实产生一种特殊的不安感。

纪念法国大革命 200 周年巴黎建设的九大工程之一的拉维莱特公园（Parc de la Villette）是解构主义景观设计的典型实例（图 6.41）。

拉维莱特公园位于巴黎东北部，占地约 55hm²，基地曾经是大型的牲口市场，公园东南角附近为 19 世纪的市场大厅。乌克尔运河几乎恰好将基地一分为二。运河东端南岸是一座大型流行音乐厅。北半部是国家科学技术与工业展览馆。1982 年法国文化部向全球设计师征集设计方案，希望建立一个不同凡响的 21 世纪的城市公园。它既要满足人们身体上和精神上的需要，同时又是体育运动、娱乐、自然生态、工程技术、科学文化与艺术等诸多方面相结合的开放性绿地，公园还要成为世界各地游人的交流场所。在 41 个国家提交的 471 件作品中，建筑师伯纳德·屈米带有解构主义色彩的方案中标并实施。

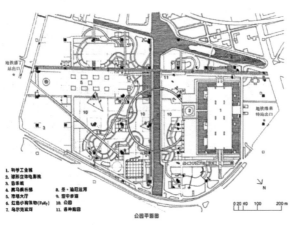

图 6.41　拉维莱特公园平面图及鸟瞰图
[图片引自：王晓俊. 西方现代园林设计. 南京：东南大学出版社，2000；许力.
后现代主义建筑 20 讲. 上海：上海社会科学院出版社，2005]

　　屈米通过一系列手法，把园内外的复杂环境有机地统一起来，并满足了各种功能的需要。他的设计非常严谨，方案由点、线、面 3 层基本要素构成，如图 6.42 所示。屈米首先把基址按 120m×120m 画了一个严谨的方格网，在方格网内约 40 个交汇点上各设置一个耀眼的红色建筑，屈米把它们称为"Folie"（图 6.43），这些构筑物以 10m 边长的立方体作为基本形体加以变化，有些是有功能的，如茶室、临时托儿所、询问处等，另一些附属于建筑物或庭院，还有一些没有功能，它们构成了"点"的要素。公园中的线的要素有运河南侧和西侧的两条长廊、几条笔直的林荫路和一条贯通全园主要部分的流线型的游览路线。这条精心设计的游览路线打破了由盒子构成的严谨的方格网所建立起来的秩序，同时也联系这公园中的 10 个主题小园。屈米把这些小园比喻成一部电影的各个片断。公园中"面"的要素就是这 10 个主题小园和其他场地、大型建筑、大片草坪与水体等。

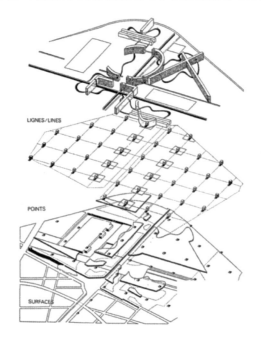

图 6.42　拉维莱特公园"点""线""面"3 层基本要素
[图片引自：娄永琪，Pius Leuba，朱小村. 环境设计.
北京：高等教育出版社，2008]

图 6.43　拉维莱特公园红色建筑"Folie"
[图片引自：丁圆. 景观设计概论.
北京：高等教育出版社，2009]

在拉维莱特公园的设计中，屈米对传统意义上的秩序提出了质疑，他用分离与解构的方法同样有效地处理了一块复杂的地段。他把公园的要素通过"点""线""面"来分解，各自组成完整的系统，然后又以新的方式叠加起来，相互之间没有明显的关系，这样3者之间形成了强烈的交叉与冲突，构成了矛盾。

美国建筑师丹尼尔·勃斯金德是解构主义的又一位代表。1989年柏林犹太人博物馆设计是其解构主义的代表作品之一，他的设计使环境与建筑一脉相承，以线性要素的倾斜、穿插与冲突，给人耳目一新的感觉。如图6.44所示的"之"字形折线平面和贯穿其中的直线形"虚空"片断的对话，形成了这座博物馆建筑的主要特色。草地上不同方向穿插的线性铺装与建筑外墙上纵横交错的线形窗户相呼应。他希望参观者觉得不稳定、不安全，甚至是一种"晕船"的感觉。霍夫曼花园象征着大批犹太人被流放迁移和被收留与滋养的土地，丹尼尔·勃斯金德自己也将这座代表了"历史的灾难"的庭院称作"颠倒"庭院，以纪念二战前逃离家园的犹太人。庭院颠倒的特点表现在混凝土柱中的泥土、下面坚硬的地面、柱顶植物的根以及沙枣丛形成高高在上的绿罩——这些都让人无法接触（图6.45）。

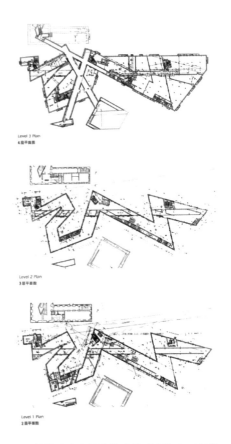

图6.44　柏林犹太人博物馆建筑"之"字形折线平面
［图片引自：娄永琪，Pius Leuba，朱小村.
环境设计. 北京：高等教育出版社，2008］

图6.45　柏林犹太人博物馆霍夫曼花园
［图片引自：娄永琪，Pius Leuba，朱小村.
环境设计. 北京：高等教育出版社，2008］

真正建造出来的解构主义的建筑并不多，景观设计作品则更少。解构主义是建筑发展过程中有益的哲学思考和理论探索，但其风格并没有形成主流。不过，解构主义所发展的造型语言可能会持续地产生影响，因为他丰富了建筑设计和景观设计的表现力。

6.1.7　极简主义

极简主义，又称最低限度艺术，于20世纪60年代出现在美国，主要是通过把造型艺术剥离到只剩下最基本元素而达到的"纯粹抽象"，是针对抽象的表现主义绘画和雕塑中的个人表现而产生的一种艺术倾向。极简主义艺术逐渐引起了一些园林设计师的兴趣，他们开始从极简主义艺术中汲取了创作营养并运用到园林设计的实践中，创作了许多有极简主义特点的园林作品。

极简主义艺术所追求的抽象、简化和几何秩序与现代主义园林所倡导的原则有着许多的相似之处，因而有些园林设计师便从极简主义艺术中受到启发，把极简主义的简洁性、直观性、图案性等与现代园林的空间构成、功能性相结合，开创了极简主义园林。彼得·沃克（Peter Walker）便是具有明显极简主义特征的园林设计师。彼得·沃克的作品除了具有形式和功能的统一，注重生态环境等现代园林基本的特征以外，形式更加简洁、直观，在构图上强调几何秩序，在材料上采用钢、玻璃等工业材料并对传统材料如石块、木头等发掘其新用法。所用的自然材料都以一种人工的几何的方式来进行表达。

1979 年彼得·沃克设计的哈佛大学校园内作品——唐纳喷泉，是其极简主义的代表，以简单的设计形成丰富多彩的景观体验。喷泉位于哈佛大学一个步行道交叉口，沃克在路旁用 159 块石头排成一个直径 18m 的圆形方阵，雾状的喷泉设在石阵的中央（图 6.46）。在这个设计中沃克所追求的是：他希望把波士顿新英格兰的乡村意境融入到哈佛原理性的氛围中。选择当地的大石头和水作为设计元素，以简单的形式将大自然的地热景象移植到了校园中。伴随着天气、季节及一天中不同的时间有着丰富的变化，使喷泉成为体察自然变化和万物轮回的一个媒介，地热式喷泉的设计也是对新技术的一种探索（图6.47）。

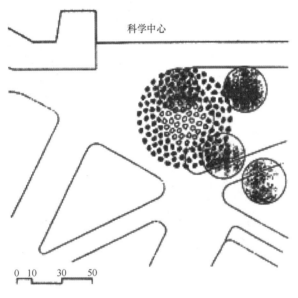

图 6.46　哈佛大学泰纳喷泉平面图
[图片引自：陈晓彤.传承·整合与嬗变——美国景观
设计发展研究.南京：东南大学出版社，2005]

图 6.47　哈佛大学泰纳喷泉及周围环境
[图片引自：王向荣，林箐.西方现代景观设计的
理论与实践.北京：中国建筑工业出版社，2002]

对于大尺度的园林设计，用极少的几何抽象的简洁形体元素，并保持良好的尺度感并不是一件容易的事，这就要求设计走向系列化。体系复杂而无序使人迷惑，有序而单一则使人乏味。而极简主义有条理的秩序则使园林景观简洁而又丰富。彼得·沃克在福特沃斯市伯奈特公园中综合运用网络的层叠与立体空间构成营造了一个严谨而又活泼，具有良好城市功能的城市公园。他将园林要素分为 3 个水平层，底层是平整的草坪，第二层是道路层，由方格网状的道路和对角线方向的斜交的道路网组成。第三层是偏离公园中心的由一系列方形水池并置排列构成的长方形的环状水渠，水渠中立有一圈喷泉柱（图6.48 和图 6.49）。在这里，合理的网格式设计手法形成了秩序、简洁的现代园林。而 1993 年沃克在日

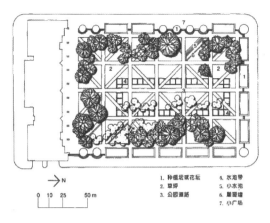

图 6.48 伯奈特公园平面图
[图片引自：王晓俊．西方现代园林设计．
南京：东南大学出版社，2000]

1. 种植坛或花坛　　4. 水泡带
2. 草坪　　　　　　5. 小水泡
3. 公园道路　　　　6. 雕塑墙
　　　　　　　　　7. 小广场

图 6.49 伯奈特公园鸟瞰图
[图片引自：王晓俊．西方现代园林设计．
南京：东南大学出版社，2000]

本京都高科技中心的设计中，停车场的中心通过一个个秩序化排列的圆锥状的草坡土丘，建造了一个提示周围群山成因的戏剧化场景（图 6.50）。

几何的园林形体无疑是满足功能、便于施工、塑造简洁形象的最好途径。极简主义设计师通过对新材料的使用和不同材料并置，在形式上追求极度简化、客观、抽象，以很少的设计元素控制大尺度的空间创造出了一种独特的、具有强烈现代化、工业化气息又不乏古典主义优雅的简洁有力的形象。

6.1.8　生态主义

1969 年美国宾夕法尼亚大学园林教授伊恩·麦克哈格（Ian Mcharg）出版了《设计结合自然》一书，书中运用生态学原理，研究大自然的特征，提

图 6.50 日本京都高科技中心
[图片引自：王向荣，林箐．西方现代景观设计的理论与实践．
北京：中国建筑工业出版社，2002]

出创造人类生存环境的新的思想基础和工作方法，成为 20 世纪 70 年代以来西方推崇的园林规划设计学科的里程碑著作。麦克哈格的理论是将景观规划设计提高到一个科学的高度，其客观分析和综合类化的方法代表着严格的学科原则的特点。《设计结合自然》将生态学思想运用到园林设计中，将园林规划设计与生态学完美地融合起来，开辟了生态化景观设计的科学时代。自从他的书中提出了综合性生态规划思想以来，许多设计师都开始运用生态设计原则进行环境设计和改造。

如前面提到的哈格设计的西雅图煤气厂公园、拉茨设计的杜伊斯堡北部风景公园都是生态与艺术、功能结合的典型作品。设计师通过综合的设计，将原有的工业废弃环境改造成为一种良性发展的动态生态环境。充分地利用了原有废弃设施和材料进行现代空间的营造和布局，既延续了场地的历史文脉，又恢复了生态环境，为地区的更新和发展提供了良好的基础。1995 年鲍尔（Karl Bauer）设计的德国海尔布隆市砖瓦厂公园是生态主义园林的又一个典型作品（图 6.51）。在原有的砖厂废弃地上，建成了一座对如何处理工业废弃地影响重大的公园，也因此获得了 1995 年德国景观规划设计奖。在砖瓦厂公园落成之前，海尔布隆市的城市绿地只是一些运动场或树林构成的绿岛，基本上没有公园和开放的绿地。从生态的角度上看，地段闲置了 7 年，是非常有价值的。鲍尔决定建立一个不同公园类型的混合的形式，有为市民运动与体育锻炼的部分，有保护原有砖瓦厂历史痕迹的区域，在这些人工景观的区域旁，有野

草与其他植物自生自灭的区域。以往砖瓦厂的痕迹，正是公园的个性，砖瓦厂的废弃材料部分得到再利用，砾石作为道路的基层或挡土墙的材料，或成为使土壤渗水的添加剂，石材可以砌成干墙，旧铁路的铁轨作为路缘，所有这些旧物在利用中获得了一个表现。

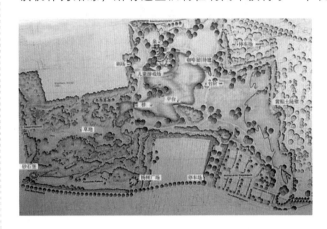

图 6.51　德国海尔布隆市砖瓦厂公园平面图
［图片引自：王向荣，林箐. 西方现代景观设计的
理论与实践. 北京：中国建筑工业出版社，2002］

图 6.52　德国海尔布隆市砖瓦厂公园
［图片引自：王向荣，林箐. 西方现代景观设计的
理论与实践. 北京：中国建筑工业出版社，2002］

设计师鲍尔的目标是对地形地貌最小的干预，如图 6.52 所示，基地上的植被和特点都保留了下来，并且经过设计手段，部分进一步地得到了强化。除了自然的变化外，对历史、黄土坑以及上百年砖厂的回忆并没有完全排斥，他把生态和视觉的特点都保留了下来。设计中不试图把砖瓦厂与景观的矛盾加以掩饰，而是将两者联系成一个新的生态的综合体，成为一个吸引人的生活空间。

6.2　任务书与优秀方案

6.2.1　"走进设计"作业

1. 设计任务

分小组尝试做一个力所能及的设计，并用适当的设计语言进行表达，最终做出模型或实物，并将设计过程及成果编辑成设计文本。

2. 设计进度及时间安排

（1）市场或实地调研。

（2）调研成果汇报（PPT 现场汇报）。

（3）构思、绘制草图及模型制作（图 6.53 可供参考）。

（4）设计成果汇报。

3. 成果要求

PPT 和模型现场汇报，包含内容：案例分析、设计构思、设计过程记录、设计图、最终成果、总结"什么是设计"和感受。

4. 评分标准

（1）模型或实物制作：40 分。

（2）设计文本 PPT：50 分。

（3）方案汇报：10 分。

图 6.53　"走进设计"作业（学生模型作品）

[图片引自：学生课程设计作业]

6.2.2　"庭院设计"作业

1. 设计任务

就小场地庭院范围进行测绘及详细的方案设计。

2. 设计进度及时间安排

（1）调研、相关资料收集；测绘。

（2）辅导设计一稿草图：方案总体构思、功能分区、道路流线。

（3）辅导设计一稿草图：确定设计主题、功能区范围及平面形式、构思草图及意向图。

（4）完成设计正稿：方案平面图绘制，建立模型，绘制立面图、剖面图、效果图，撰写设计说明、排版文本（图 6.54 可供参考）。

3. 成果要求

图纸规格：作业一律提交小组方案电子文本 PPT，手工绘制与电脑绘制均可，须符合景观制图规范，A3 排版。

图纸内容如下。

（1）封面（项目名称、课程名称、任课教师、小组成员、学号、班级）。

（2）设计说明。

（3）测绘平面图（含植物、铺装）。

（4）测绘立面图、剖面图及相应文字分析。

（5）基地分析图（地形、视线分析等）。

（6）总平面图。

（7）设计分析图（设计空间、功能、交通、视线分析等）。

（8）立面图、剖面图。

（9）效果图（透视图或鸟瞰图不限）。

4. 评分标准

（1）测绘作业：30 分。

（2）设计成果图：70 分。

1）设计构思：15 分。

2）设计的整体性：15分。

3）设计中空间、设计定位的合理性、多样性：15分。

4）设计的深度：10分。

5）图面综合表达能力：15分。

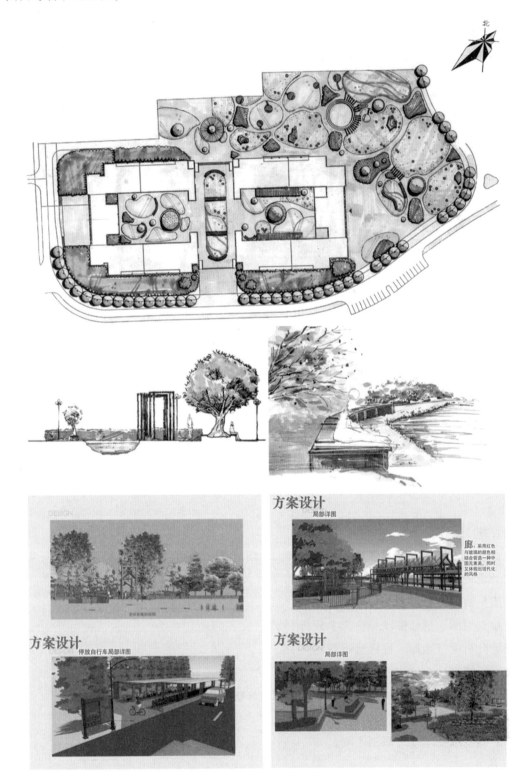

图6.54　"庭院设计"作业（学生作品）

［图片引自：学生课程设计作业］

6.2.3 "小广场设计"作业

1. 设计任务

就某广场进行详细的方案设计。

2. 设计进度及时间安排

(1) 进行方案前期的资料收集、案例学习与实例调研。

(2) 辅导设计一稿草图：方案总体构思、功能泡泡、道路流线。

(3) 辅导设计二稿草图：确立设计主题、功能区范围、功能区平面形式、构思草图或意向图片。

(4) 完成设计正稿：平面正图绘制、建立场地模型、绘制节点效果图、绘制立面图与剖面图、撰写设计说明、排版文本（图6.55可供参考）。

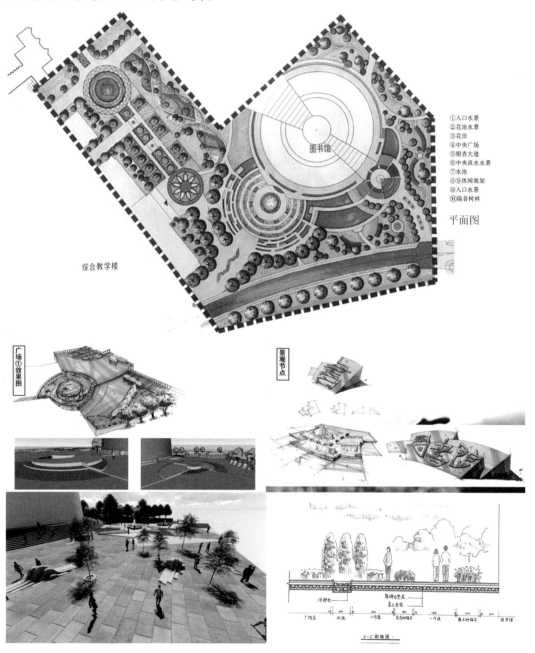

图 6.55 "小广场设计"作业（学生作品）

[图片引自：学生课程设计作业]

3. 成果要求

图纸规格：作业一律提交小组方案电子文本 PPT，手工绘制与电脑绘制均可，须符合景观制图规范，A3 排版。

图纸内容如下。

(1) 封面（项目名称、课程名称、任课教师、小组成员、学号、班级）。

(2) 设计说明。

(3) 现状分析图。

(4) 总平面图。

(5) 功能分区图。

(6) 道路分析图。

(7) 景观节点分布图。

(8) 分区平面图——标注尺寸、材料、规格。

(9) 景观重点区域效果图。

(10) 景观建筑、小品或重点景观区域的立面图。

4. 评分标准

(1) 设计构思：25 分。

(2) 设计的整体性：20 分。

(3) 设计中空间、设计定位的合理性、多样性：20 分。

(4) 设计的深度：15 分。

(5) 图面综合表达能力：20 分。

6.2.4　"植物设计"作业

1. 设计任务

完成植物调研及调研报告，选取实景工程考察及调研，完成考察调研图纸及种类调研报告。并就"小广场设计"方案进行详细的植物造景设计。

2. 设计进度及时间安排

(1) 进行植物分类、种类及配置的调研，完成考察调研图纸及种类调研报告。

(2) 辅导设计一稿草图：列出设计所需植物名录列表（乔木名录表、灌木名录表、地被名录表）。

(3) 辅导设计二稿草图：植物种植设计总平面图（乔＋灌＋地被，叠加图）；乔木种植平面图；灌木种植平面图；地被种植平面图。

(4) 完成设计正稿：种植平面绘制、绘制植物设计效果图、绘制立面图与剖面图、撰写设计说明、排版文本成果要求（图 6.56 可供参考）。

3. 成果要求

图纸规格：作业一律提交小组方案电子文本 PPT，手工绘制与电脑绘制均可，须符合景观制图规范，A3 排版。

图纸内容如下。

(1) 封面（项目名称、课程名称、任课教师、小组成员、学号、班级）。

(2) 植物种植设计说明。

(3) 植物名录表（乔木名录表、灌木名录表、地被名录表）。

(4) 植物种植设计总平面图（乔＋灌＋地被，叠加图）。

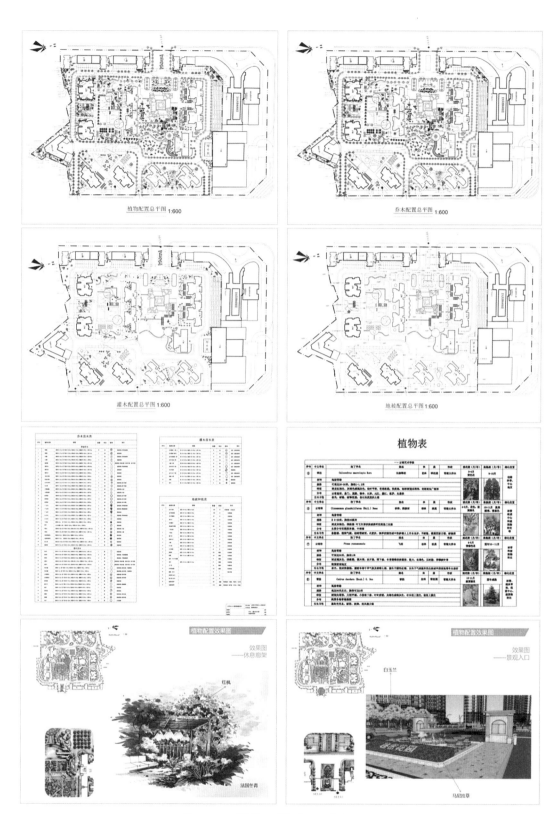

图 6.56 "植物设计"作业（学生作品）
[图片引自：学生课程设计作业]

（5）乔木种植平面图。

（6）灌木种植平面图。

（7）地被种植平面图。

（8）植物景观立面图、剖面图 3 张以上（能充分反映植物景观设计构思）。

（9）透视效果图 3 张以上（能充分反映植物景观设计构思）。

（10）植物调研报告。

4. 评分标准

（1）调研报告：30 分。

（2）设计成果图：70 分。

1）景观设计构思方案：15 分。

2）设计的整体性、完整性：15 分。

3）植物种植种类合理性、多样性：15 分。

4）设计的深度：10 分。

5）图面综合表达能力：15 分。

附 录 一

别墅与庭院设计任务书

一、课程名称

别墅与庭院设计

二、建设用地

基地位于××市××河南岸的某别墅区，地段用地范围及条件详见附图1-1。

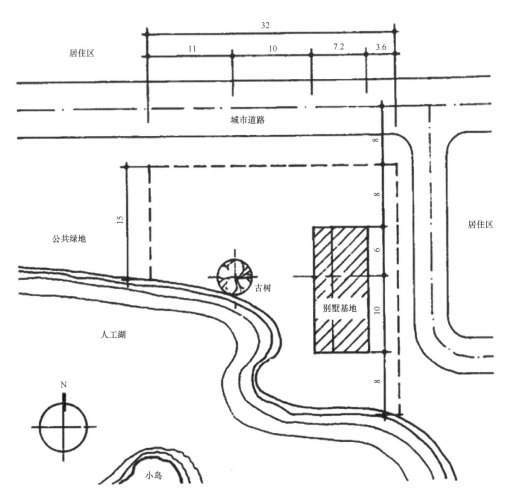

附图1-1 地形图（单位：m）

三、设计要求

（一）使用要求

设计者需拟定业主职业特点，比如：夫妇为收藏家；夫妇为现役篮球明星运动员；男主人为服装设计师，女主人为模特；男主人为导演，女主人为律师。

设计者需根据兴趣选定其一职业业主作为使用对象，并根据所选对象职业特点，分析其兴趣爱好及行为习惯，在满足一般住宅使用要求的基础上，提供具有针对性的室内外空间，以满足使用对象的特殊要求，并自行拟定详尽的设计任务书，功能空间名称及使用面积见附表1-1。

附表1-1　　　　　　　　　　　　功能空间名称及使用面积

房间名称	每间面积/m²	间　　数	合计面积/m²
室　内　空　间			
起居室	20～40	1	20～40
主卧室（含卫生间）	20～30	1	20～30
卧室	9～15	2	18～30
客房	9～15	1	9～15
餐厅	6～10	1	10～15
厨房	4～8	1	10～15
家政间	4～6	1	4～6
佣人房（含卫生间）	8～12	1	8～12
卫生间	4～6	2～3	8～12
车库	20～40	1	20～40
储藏间		宜设置多间	10～20
注：如工作间、健身房、琴房、展室、放映厅等功能用房，设计者可根据使用者需求特点自行考虑设计。			
室　外　空　间			
如温室、露台、游泳池、菜园、健身区、展示区等功能空间，设计者可根据使用者需求特点自行选择，但至少包括3种主题室外空间，面积自定			

（二）规划要求

设计内容（建筑与庭院）不可超出用地界限，用地内树木须保留，总建筑面积不超过300m²，建筑大部分为1～2层，局部可为3层。

（三）训练重点

(1) 充分了解不同使用者对功能需求差异的前提下，设计者应为其健康、合理的生活方式提供舒适的物质与精神环境。

(2) 鼓励对环境多元的审美观，但应引导学生对生态美、自然美的追求。并注意建筑与环境的协调统一。

(3) 初步了解建筑与环境设计中"人工与自然""功能与形式""空间与尺度"等问题。学习居住类建筑与景观的设计方法、功能空间的划分与组织形式，并进一步掌握以人体为依据的空间尺度。

四、设计成果

图纸要求：841mm×594mm，不多于2张。

总平面图：1∶500。

各层平面图：1∶100（需布置如床、桌椅、沙发等基本的家具，另外首层平面图需详细布置室外环境）。

立面图：1∶100（至少2个）。

剖面图：1∶100（至少1个）。

分析图：阐释设计理念和设计手法。

表现图：总体透视图或轴侧图（1个，可由正式模型照片代替），室外环境透视图（至少1个）。

设计说明，主要技术经济指标。

注：成图需手绘表达，表达手段不限。

五、设计进度

设计进度见附表1-2。

附表1-2   设 计 进 度 表

阶段	周次	课次	课程进度	课后作业	备 注
准备	11	1	布置、讲解题目	相关资料收集	调研报告内容包括基地分析及大师作品分析（侧重建筑与环境），设计任务书需明确室内外功能空间名称及面积
		2	实地调研；资料调研（实例分析、使用者分析）	调研报告；拟定详细设计任务书	
一草	12	3～4	区位分析；环境分析；空间分析；一草构思	方案草图	第3次上课前完成现场及资料调研报告，及设计任务书
	13	5～6	总平面设计；平面设计；造型设计；内外部空间设计	总平面图；多层平面图；立面图；剖面图及透视	第6次上课前完成一草方案图，徒手单线，工作模型（1：300～1：400）
二草	14	7～8	一草总结；修正发展一草方案	深入设计；增加剖面图	第10次课上课前完成设计二草方案图，徒手双线，工作模型（1：200）
	15	9～10		深入立面设计及剖面；计算主要经济技术指标	
快题	根据具体情况，加设一次快题设计与表达，时间待定				占终成绩的10%
三草	16	11～12	二草总结；巩固制图标准；绘制正草图纸；绘制透视图或轴测图	对方案进一步推敲；深入设计平面、立面、剖面；完成透视（轴测）草图	第13次课下课交全部正草图纸（工具双线）；完善工作模型（1：100）
	17	13～14	最后调整完善方案	绘制正草未完成的草图	
正图	18	15～16	三草总结	绘制正图	交正图
	19	集中周			

附　录　二

关于园林设计的调查问卷

姓名：_____

住址：_____

所在城市、州及邮编：_____

电话号码：_____

家庭

家庭成员的名字和年龄：_____

有过敏症吗？是或否

户外宠物的类型（请具体指出）：_____

家庭成员对所设计的园林使用率最高的时间和季节：_____

是否需要设置无障碍通道？是或否

预算

设计的施工者是房主或建筑承包商吗？是或否

设计及施工允许的预算大约是多少：$ _____

是否需要经过协商？是或否

你是否想用几年的时间来完成设计以实现分期付款？是或否

土壤/排水

在将要进行设计的园林中是否有积水的问题？是或否

土壤是否黏重（黏土）或含沙（沙土）？

场地上是否有陡坡？是或否

景观

你最常从屋里哪些房间向外欣赏风景？

需要为某些区域造景吗？比如设计位于娱乐区上的景观？是或否

是否有需要遮挡的不悦目的东西（如公用设施、交通、空调设备等）？是或否

需要留出更多的私密空间吗？是或否

小气候

请回答以下符合你的情况的问题。

全部背阴或全部朝阳的地方是：_____

哪些需要更多的荫蔽：_____

哪里需要减少噪声：_____

哪些地方需要架棚保护：_____

风力过大的地方是：_____

哪些存在冰雪覆盖的问题：_____

植物选择

请回答以下符合你的情况的问题。

请写下你喜欢的植物：_____

你不喜欢的植物或材料是：_____

请写下你喜欢的颜色：_____

你是否喜欢：香味植物、一年生花卉或乡土植物？

交通流线

是否需要加宽车行道？是或否

是否需要改善前院的步行道？是或否

是否需要增加或改善庭院其余部分的交通流线？是或否

招待客人

一般情况下你招待的客人人数是：_____

你是否打算建造或扩建露台或天井？是或否

设施

是否需要设置储藏东西的地方？是或否

垃圾箱的位置：

　　□很方便　是或否

　　□不悦目　是或否

　　□需要重新设置　是或否

是否需要设置这些地方：木柴仓库、堆肥场地、菜园、杂货棚

活动

请选出以下你希望设计中包含的部分：

　　□儿童游戏场地

　　□野炊场地

　　□私密空间

　　□壁炉

　　□娱乐场地（掷蹄铁、排球）

综合考虑

请选出以下你感兴趣并希望设计中包含的部分：

　　□水景

　　□低压照明

　　□雕塑

　　□蝴蝶园

　　□栅栏

　　□节能措施

补充说明

　　除了调查问卷中所提到的，你是否还需强调其他方面的要求或问题？

［引自：T·贝尔托斯基．园林设计初步．北京：化学工业出版社，2006］

附录二

附 录 三

学生经过园林初步课程训练后进入中、大型场地方案设计的成果见附图 3-1~附图 3-4。

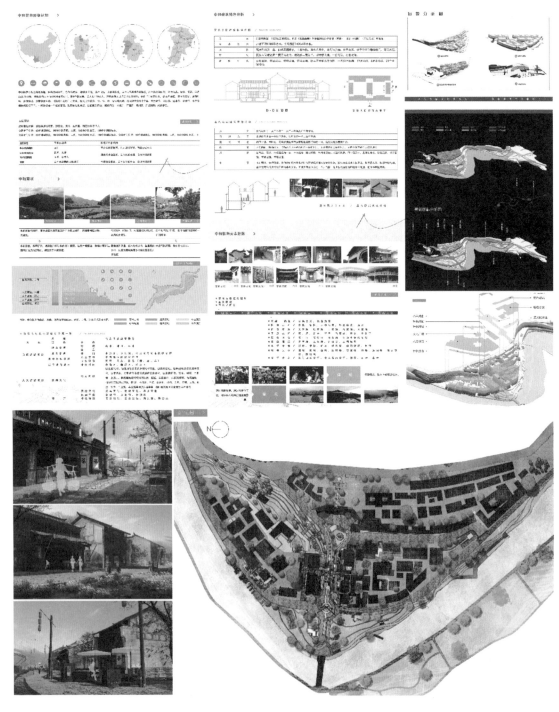

附图 3-1

附图 3-2

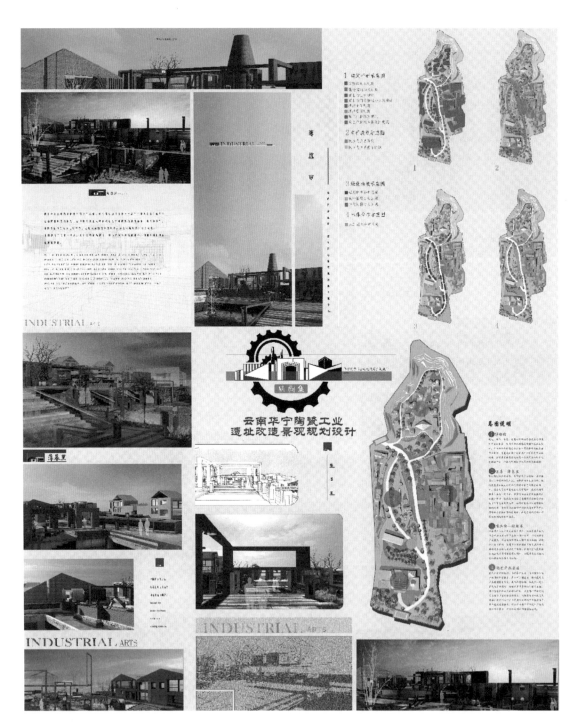

附图 3-3

附图 3-4

参 考 文 献

[1] 俞孔坚. 哈佛大学景观规划设计专业教学体系 [J]. 建筑学报，1998（2）：58－62.

[2] 李雄. 北京林业大学城市规划（风景园林规划设计）学科硕士研究生培养体系的设置与探讨 [J]. 中国园林 2009（1）：15－18.

[3] 刘学军. 关于景观建筑学的基本要点分析 [J]. 南方建筑，2003（4）.

[4] ［日］芦原义信. 街道的美学 [M]. 尹培桐，译. 天津：百花文艺出版社，2011.

[5] 张清海，章俊华. 论风景园林的空间构成教学 [J]. 中国园林，2011（7）36－40.

[6] 潘红莲. 论建筑与景观的空间构成关系 [J]. 设计艺术研究，2012，2（1）：66－70.

[7] 陈敏捷. 中国古典园林植物景观空间构成 [D]. 北京：北京林业大学，2005.

[8] 陈方达. 平面构成 [M]. 武汉：华中科技大学出版社，2007.

[9] 姜凡. 实用美术设计基础——平面·构成·设计 [M]. 长春：东北师范大学出版社，1986.

[10] 郑刚. 平面构成设计 [M]. 南昌：江西美术出版社，2005.

[11] 孙海明. 立体构成 [M]. 武汉：华中科技大学出版社，2007.

[12] 任仲泉. 空间构成设计 [M]. 南京：江苏美术出版社，2002.

[13] 何彤. 空间构成 [M]. 重庆：西南师范大学出版社，2008.

[14] 田建林，杨海荣. 园林设计初步 [M]. 北京：中国建材工业出版社，2010.

[15] 刘磊. 园林设计初步 [M]. 重庆：重庆大学出版社，2011.

[16] 王晓俊. 西方现代园林设计 [M]. 南京：东南大学出版社，2000.

[17] 马洪伟. 构成设计 [M]. 北京：化学工业出版社，2004.

[18] 毛雄飞. 平面构成设计 [M]. 北京：中国纺织出版社，2005.

[19] 朱辉球. 平面构成及应用 [M]. 北京：北京工艺美术出版社，2007.

[20] ［美］彼得·F·史密斯. 美观的动力学 [M]. 邢晓春，译. 北京：中国建筑工业出版社，2012.

[21] 彭一刚. 建筑空间组合论 [M]. 北京：中国建筑工业出版社，2008.

[22] 刘晓光. 景观美学 [M]. 北京：中国林业出版社，2012.

[23] 梁隐泉，王广友. 园林美学 [M]. 北京：中国建材工业出版社，2004.

[24] ［美］诺曼·K·布思. 风景园林设计要素 [M]. 曹礼昆，曹德鲍，译. 北京：中国林业出版社，1989.

[25] 张国栋. 园林构景要素的表现类型及实例 [M]. 北京：化学工业出版社，2009.

[26] 汤晓敏，王云. 景观艺术学：景观要素与艺术原理 [M]. 上海：上海交通大学出版社，2009.

[27] 程宗玉，李记荃，李远达. 城市园林灯光环境设计 [M]. 北京：中国建筑工业出版社，2007.

[28] ［美］T·贝尔托斯基. 园林设计初步 [M]. 闫红伟，译. 北京：化学工业出版社，2010.

[29] ［美］爱德华·T·怀特. 建筑语汇 [M]. 林敏哲，译. 辽宁：大连理工大学出版社，2001.

[30] 黎志涛. 建筑设计方法 [M]. 北京：中国建筑工业出版社，2010.

[31] 石宏义. 园林设计初步 [M]. 北京：中国林业出版社，2006.

[32] 谷康. 园林设计初步 [M]. 南京：东南大学出版社，2003.

[33] 赵慧荣. 园林设计教程 [M]. 辽宁：辽宁美术出版社，2010.

[34] 张伶伶，孟浩. 场地设计 [M]. 北京：中国建筑工业出版社，2011.

[35] 王晓俊. 风景园林设计 [M]. 南京：江苏科学技术出版社，2009.

[36] 谷康，付喜娥. 园林制图与识图 [M]. 南京：东南大学出版社，2010.

[37] 田学哲. 建筑初步 [M]. 北京：中国建筑工业出版社，1999.

[38] ［英］针之谷钟吉. 西方造园变迁史——从伊甸园到城市公园 [M]. 北京：中国建筑工业出版社，1991.

[39] 王向荣，林箐. 西方现代景观设计的理论与实践 [M]. 北京：中国建筑工业出版社，2002.

[40] ［英］保罗·库柏. 新技术庭院 [M]. 贵阳：百通集团、贵州科技出版社，2002.

[41] ［德］汉斯·罗易德，等. 开放空间设计 [M]. 罗娟，等，译. 北京：中国电力出版社，2007.

[42] 王蕾. 园林设计初步 [M]. 北京：机械工业出版社，2016.

[43] 朱黎青. 风景园林设计初步 [M]. 上海：上海交通大学出版社，2016.

[44] ［美］杰克·E·英格尔斯. 景观学 [M]. 曹娟，等，译. 北京：中国林业出版社，2008.

[45] ［美］程大锦. 建筑：形式、空间和秩序 [M]. 天津：天津大学出版社，2008.

[46] ［美］保罗·拉索. 图解思考 [M]. 邱贤丰，译. 北京：中国建筑工业出版社，2010.

[47] ［美］格兰特·W·里德. 园林景观设计：从概念到形式 [M]. 郑淮兵，译. 北京：中国建筑工业出版社，2010.

[48] 邹颖，等. 别墅建筑设计 [M]. 北京：中国建筑工业出版社，2000.

[49] 张十庆. 现代独立式小住宅 [M]. 天津：天津大学出版社，1992.

[50] ［美］托克. 流水别墅传 [M]. 林鹤，译. 北京：清华大学出版社，2009.

[51] 郦芷若，朱建宁. 西方园林 [M]. 郑州：河南科学技术出版社，2001.